数 控 机 床

（第 2 版）

罗学科　主编

国家开放大学出版社·北京

图书在版编目（CIP）数据

数控机床／罗学科主编 . —2 版 . —北京：国家
开放大学出版社，2020.8（2023.11 重印）

ISBN 978 - 7 - 304 - 10311 - 8

Ⅰ.①数…　Ⅱ.①罗…　Ⅲ.①数控机床—开放教育—
教材　Ⅳ.①TG659

中国版本图书馆 CIP 数据核字（2020）第 093719 号

数控机床（第 2 版）
SHUKONG JICHUANG

罗学科　主编

出版·发行：国家开放大学出版社
电话：营销中心 010 - 68180820　　　总编室 010 - 68182524
网址：http://www.crtvup.com.cn
地址：北京市海淀区西四环中路 45 号　　邮编：100039
经销：新华书店北京发行所

策划编辑：陈艳宁　　　　　　　　版式设计：何智杰
责任编辑：李　欣　　　　　　　　责任校对：朱翔月
责任印制：武　鹏　马　严

印刷：三河市长城印刷有限公司
版本：2020 年 8 月第 2 版　　　　2023 年 11 月第 9 次印刷
开本：787mm×1092mm　1/16　　　印张：12.75　字数：286 千字

书号：ISBN 978 - 7 - 304 - 10311 - 8
定价：26.00 元

意见及建议：OUCP_KFJY@ ouchn.edu.cn

第2版前言

《数控机床》是国家开放大学数控技术专业及相关专业的教材，自2008年1月出版以来，得到了读者的普遍认可。随着技术发展的日新月异，特别是"中国制造2025"和"数控一代机械产品创新工程"的实施，我国从制造大国向制造强国迈进的步伐不断加快。以科技创新和信息技术与制造业的深度融合为主线的技术进步成为推进智能制造的主要动力。数控技术是智能制造，以及数字化、网络化、智能化制造的核心技术。

目前，数控技术在机床行业的应用更为广泛，机械产品的数控化和智能化也已应用于各种机械装备，引发了机械装备和产品的全面升级换代，机床行业出现了"数控一代"和"智能一代"的概念。这种以数控技术为基础、具备一定智能水平的高端装备已在金属成型机械、塑料机械、玻璃加工机械、电子制造装备、纺织机械、印刷包装机械、木工机械、建材机械、新能源装备、激光加工装备、智能机器人等方面得到了广泛应用，并取得了重大成效。这也极大地提高了相关装备企业的技术创新能力和技术竞争力。

鉴于此，本书第3章增加了对各重点数控系统供应商提供的主要数控系统的介绍。另外，本书还增加了第7章，专门介绍开放式数控系统和智能数控系统的内容，并以编者领导的课题组开发的玻璃机械加工设备的开放式数控系统为例，启发读者在更广泛的领域推广应用数控技术。本书具有较强的时代感和先进性。

本书可作为数控技术专业或机械类专业的教材，也可供相关专业工程技术人员参考。

在本次修订过程中，编者参考了所在课题组多位研究生的学位论文。同时，本书还得到了国家开放大学理工教学部诸位老师和国家开放大学出版社编辑的支持，在此编者一并致谢。

鉴于编者水平有限，本书难免存在不足之处，恳请各位读者批评指正（联系邮箱 luoxueke@ ncut. edu. cn）。

编 者

2020年5月

第1版前言

　　为了配合中央广播电视大学数控技术专业的教学，中央广播电视大学与机械工业教育发展中心合作，共同组织编写了数控技术专业系列教材。该系列教材的编写遵循教育部等三部委联合发布的《关于开展数控技术专业技能型紧缺人才培养的通知》精神，结合"中央广播电视大学人才培养模式改革和开放教育试点"研究工作的开展，立足职业为导向、学生为中心，以基础理论教学"必需、够用"为度，突出职业技能教学的地位，旨在培养学生具有一定的工程技术应用的能力，以适应工作岗位的实际需求。

　　当今世界，工业发达的国家对机床工业高度重视，竞相发展机电一体化，高精、高效、高自动化先进机床，以加速工业和国民经济的发展。数控机床在 20 世纪 80 年代以后加速发展，早已成为四大国际机床展上各国机床制造商竞相展示先进技术、争夺用户、扩大市场的焦点。中国加入 WTO 后，正式参与世界市场的激烈竞争，今后如何加强机床工业实力、加速数控机床产业发展，实是紧迫而又艰巨的任务。

　　"数控机床"是数控技术专业的必修课，对于培养该专业学生掌握数控技术的核心技术有极其重要的作用。本书内容图文并茂、实例丰富、着重于应用，理论部分突出简明性、系统性、实用性和先进性。本书以数控机床基本部件的工作原理和应用知识为基础，以数控车床、数控铣床、加工中心、电加工机床为典型数控机床，对其结构、应用等进行讲述，对数控机床的电气部分、日常维护、调试验收等内容从应用的角度进行了讲述，同时还介绍了三坐标测量机、激光干涉仪、球杆仪的组成、工作原理及使用方法。

　　本书主要用作数控技术专业的课程教材，也可供从事相关专业的工程技术人员参考。

　　本书编写组成员为北方工业大学机电工程学院的罗学科、谢富春、王莉、刘瑛，全书由罗学科统稿。

　　在编写过程中，本书得到了中央广播电视大学李西平、宁晨、田虓老师的关心和大力支持，他们为本书的编写提供了许多宝贵意见，编者在此一并致谢。

　　数控技术在不断的发展之中，希望广大的使用者将使用该书的意见和信息反馈给我们，以便充实、提高。由于编者水平有限，加之时间仓促，书中难免有错误和疏漏，恳请读者批评指正。

编　者

2007 年 10 月

目 录

1 数控机床简介

学习目标

1. 掌握数控机床的基本概念和基本组成。
2. 掌握数控机床的基本工作原理。
3. 掌握数控机床的分类形式。
4. 了解数控机床的优点。
5. 了解数控机床的产生和发展方向。

内容提要

本章概括阐述数控机床的基本概念、基本组成、基本工作原理、分类，以及发展过程和趋势。

1.1 概　　述

数控机床是因复杂轮廓的航空零件加工和成型模具制造的需要而被研制的。第一台数控机床是于 1952 年由美国麻省理工学院和 Parsons 公司合作研制成功的，但这台数控机床仅是一台试验性样机。直到 1954 年 11 月，第一台工业用的数控机床才被生产出来。此后，世界上其他一些国家也相继开始研制和应用数控机床。我国于 1958 年开始数控机床的研制工作。数控机床不断集成机械制造技术、微电子技术、计算机技术、成组技术、现代控制技术、传感检测技术、信息处理技术、网络通信技术、液压气动技术、光机电技术等的最新成果而迅速发展和被广泛应用。目前，数控机床已成为现代制造业的主流设备，是体现现代机床技术水平、现代机械制造业工艺水平的重要标志，体现了数字化、网络化、智能化制造的核心技术。

数控机床克服了普通机床加工存在的一系列缺点和不足，为单件、小批量生产的精密复杂零件提供了自动化加工手段。数控机床加工零件的适应性强、灵活性好，加工出来的产品精度高、质量稳定。数控机床的使用不但能提高生产效率，使经济效益明显，有利于生产管理的现代化，而且能改善工人的劳动条件，减轻工人的劳动强度。

1.1.1 数控机床的基本概念

1. 数字控制

数字控制（Numerical Control，NC）是 20 世纪中期发展起来的一种自动控制技术，是用数字化信号进行控制的一种方法，简称数控。

2. 数控机床

数控机床（Numerical Control Machine）是指采用数字控制技术对机床的加工过程进行自动控制的一类机床，或者说是装备了数控系统的机床。

3. 数控系统

数控系统（Numerical Control System）是指一种自动输入载体上事先给定的数字量（零件加工程序），并将其译码，再进行必要的信息处理和运算后，控制机床动作和加工零件的控制系统。

最初的数控系统是由数字逻辑电路构成的专用硬件数控系统。随着微型计算机的发展，硬件数控系统已逐渐被淘汰，取而代之的是计算机数控系统。

4. 计算机数控系统

计算机数控（Computer Numerical Control，CNC）系统是由计算机承担数控中的命令发生器和控制器的数控系统。

计算机可以完全由软件来确定数字信息的处理过程，从而具有真正的"柔性"，并可以处理硬件逻辑电路难以处理的复杂信息，使数字控制系统的性能大大提高。

5. 数控编程

数控机床是通过程序来控制的。从零件图样到将加工信息用规定代码、按一定的格式编写成零件加工程序单和制作控制介质的全部过程，称为数控加工的程序编制，简称数控编程。

1.1.2　数控机床的基本工作原理

利用数控机床完成零件的数控加工，其过程如图 1.1 所示，主要内容如下：

① 根据零件加工图样进行工艺分析，确定加工方案、工艺参数和位移数据。

② 用规定的程序代码和格式编写零件加工程序单；或用自动编程软件进行 CAD/CAM（Computer Aided Design/Computer Aided Manufacturing，计算机辅助设计/计算机辅助制造）工作，直接生成零件的加工程序文件。

③ 程序的输入或输出：手工编写的程序通过数控机床的操作面板输入；软件生成的程序通过计算机的串行通信接口直接传输到机床控制单元（Machine Control Unit，MCU）。

④ 将输入机床控制单元的加工程序进行试运行、刀具路径模拟等。

⑤ 通过对数控机床（NC 机床）的正确操作，运行程序。

⑥ 完成零件的加工。

要在数控机床上完成零件加工，首先应把加工零件所需的所有机床动作的几何信息和工艺信息以程序的形式记录在某种存储介质上，由输入部分送入数控装置中，数控装置对程序进行处理和运算，发出控制信号，其指挥机床的伺服系统驱动机床动作，使刀具与工件及其他辅助装置严格地按照加工程序规定的顺序、轨迹和参数有条不紊地工作，从而加工出零件的全部轮廓。当要改变加工零件时，在数控机床上只要改变加工程序，其就可继续加工新零件。

2

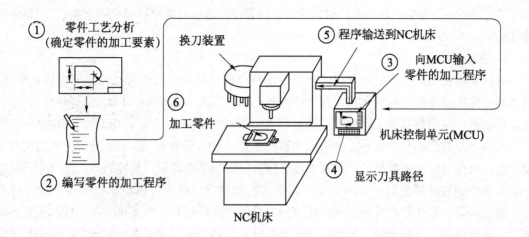

图 1.1　数控加工的过程

　　目前在应用 CNC 加工前，数控技术已实现了从 CAD 到 CAM 再到 CNC 的无缝对接，在许多数控系统中已经有了三维模拟系统，其实现了刀具路径的 G 代码和 M 代码的模拟，避免了编程错误和发生刀具与工件、机床的碰撞。

1.1.3　数控机床的基本组成

　　数控机床一般由控制介质、数控系统、伺服系统、机床本体、反馈装置和各类辅助装置组成，如图 1.2 所示。

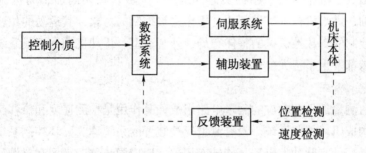

图 1.2　数控机床的基本组成

1. 控制介质

　　控制介质是将零件加工信息传送到数控装置中去的信息载体，是人与数控机床之间联系的中间媒介物质，反映了数控加工中的全部信息。数控加工程序要制备到控制介质中，利用数控系统的输入装置输入数控装置。控制介质有多种形式，它随数控系统类型的不同而不同，常见的控制介质有穿孔纸带、穿孔卡、磁盘、磁带等；常见的输入装置有光电纸带阅读机、磁带录音机、磁盘驱动器等。数控加工程序也可以利用键盘以手动的方式输入数控装置。随着 CAD/CAM 技术的发展，有些数控设备利用 CAD/CAM 软件在其他计算机上编写好数控加工程序，然后数控装置可以从串行通信接口接受程序，也可从网络通过调制解调器（Modem）接受程序。

2. 数控系统

数控系统是机床实现自动加工的核心，是整个数控机床的灵魂所在，主要由输入装置、监视器、主控制系统、可编程控制器（Programmable Logic Controller，PLC）、各种输入/输出接口等组成。主控制系统主要由中央处理器（Central Processing Unit，CPU）、存储器、控制器等组成，是数控系统的核心，一般称为数控装置（CNC 装置）。数控系统的主要控制对象是位置、角度、速度等机械量，以及温度、压力、流量等物理量，其控制方式又可分为数据运算处理控制和时序逻辑控制两大类。其中，主控制器内的插补模块根据所读入的零件程序，通过译码、编译等处理后，进行相应的刀具轨迹插补运算，并通过与各坐标伺服系统的位置、速度反馈信号的比较，控制机床各坐标轴的位移。而时序逻辑控制通常由可编程控制器来完成，它根据机床加工过程中各个动作要求进行协调，按各检测信号进行逻辑判别，从而控制机床各个部件有条不紊地按顺序工作。

3. 伺服系统

伺服系统是数控系统和机床本体之间的电传动联系环节，主要由伺服电动机、伺服驱动控制器组成。伺服电动机是系统的执行元件，伺服驱动控制器则是伺服电动机的动力源。数控系统发出的指令信号与位置反馈信号比较后作为位移指令，再经过驱动控制系统的功率放大后，驱动电动机运转，从而通过机械传动装置拖动工作台或刀架运动。

4. 机床本体

机床本体是数控机床的机械结构实体，是用于完成各种切割加工的机械部分，包括床身、立柱、主轴、进给机构等机械部件。机床是被控制的对象，其运动的位移和速度以及各种开关量是被控制的。数控机床的整体布局、外观造型、传动机构、工具系统及操作机构等方面较普通机床都发生了很大变化。

5. 反馈装置

反馈装置由测量部件和响应的测量电路组成，其作用是检测速度和位移，并将信息反馈给数控装置，构成闭环控制系统。没有测量反馈装置的系统称为开环控制系统。

常用的测量部件有脉冲编码器、旋转变压器、感应同步器、光栅和磁栅尺等。

6. 辅助装置

辅助装置主要包括自动换刀装置（Automatic Tool Changer，ATC）、自动交换工作台机构（自动托盘交换装置，Automatic Pallet Changer，APC）、工件夹紧放松机构、液压控制系统、润滑装置、切削液装置、排屑装置、过载和保护装置等。

1.2　数控机床的分类

数控机床的种类很多，为了便于了解和研究，我们可从不同的角度对其进行分类。

1.2.1 按工艺用途分类

1. 金属切削类数控机床

金属切削类数控机床包括数控车床、数控钻床、数控铣床、数控磨床、数控镗床以及加工中心。这类数控机床发展最早，目前种类繁多，功能差异也较大。

2. 金属成型类数控机床

金属成型类数控机床是指采用挤、冲、压、拉等成型工艺的数控机床，常用的有数控压力机、数控折弯机、数控弯管机、数控旋压机等。这类机床起步晚，但目前发展很快。

3. 数控特种加工机床

这类机床常用的有数控激光切割机床、数控线切割机床、数控电火花加工机床、火焰切割机等。

4. 其他类型的数控机床

例如，数控印刷包装设备、数控塑料机械、数控纺织机械、数控玻璃加工设备等。

5. 其他辅助数控装备

例如，三坐标测量仪、数控对刀仪、数控绘图仪等。

1.2.2 按功能水平分类

数控机床按所使用的数控系统的配置及功能，可分为高级型数控机床、普通型数控机床和经济型数控机床。按该分类方法分类主要依据其技术参数、功能指标和关键部件的功能水平。数控机床的分类见表1.1。

表1.1 数控机床的分类

类 型	主控机	进给	联动轴数	进给分辨率	进给速度/$(m \cdot min^{-1})$	自动化程度
高级型	32位微处理器	交流伺服驱动	5轴以上	0.1 μm	≥24	具有通信、联网、监控管理功能
普通型	16位或32位微处理器	交流或直流伺服驱动	4轴及以下	1 μm	≤24	具有人机对话接口
经济型	单板机、单片机	步进电动机	3轴及以下	10 μm	6~8	功能较简单

1.2.3 按伺服系统分类

1. 开环控制数控机床

开环控制数控机床的进给伺服驱动是开环的，即没有测量反馈装置，其驱动电动机一般为步进电动机。这种控制方式的数控机床的最大特点是控制方便、结构简单、价格便宜，但由于机械传动的误差不经过反馈校正，所以位移精度不高。

2. 闭环控制数控机床

这类机床带有反馈装置。闭环控制数控机床的进给伺服驱动是按闭环反馈控制方式工作的，其驱动电动机可采用直流或交流两种伺服电动机，并需要配置位置反馈和速度反馈装置，在加工中随时检测移动部件的实际位移量，并及时反馈给数控系统中的比较器，与插补运算所得到的指令信号进行比较，其差值又作为伺服驱动的控制信号，进而带动位移部件以消除位移误差。闭环控制数控机床按位置反馈装置的安装部位和所使用的反馈装置的不同，又可分为全闭环控制数控机床和半闭环控制数控机床。

（1）全闭环控制数控机床

如图1.3所示，其位置反馈装置采用直线位移检测元件（位置检测元件，目前一般采用光栅尺），安装在机床的床鞍部位，即直接检测机床坐标的直线位移量，通过反馈可以消除从电动机到机床床鞍整个机械传动链中的传动误差，从而得到很高的机床静态定位精度。但是，在整个控制环内，许多机械传动环节的摩擦特性、刚性和间隙均为非线性，并且整个机械传动链的动态响应时间与电气响应时间相比又非常大，这给整个全闭环系统的稳定性校正带来很大困难，系统的设计和调整也相当复杂。因此，这种全闭环控制方式主要用于精度要求很高的数控坐标镗床、数控精密磨床等。

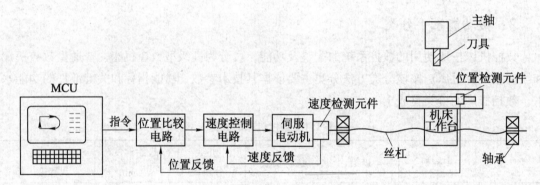

图1.3　全闭环控制系统框图

（2）半闭环控制数控机床

如图1.4所示，其位置反馈装置采用转角检测元件（目前主要采用编码器等），直接安装在伺服电动机或丝杠端部。由于大部分机械传动环节都包括在系统闭环环路内，因此其可获得较稳定的控制特性。丝杠等机械传动误差不能通过反馈来随时校正，但是其可采用软件定值补偿的方法来适当提高精度。目前，大部分数控机床均采用半闭环控制方式。

3. 混合控制数控机床

将上述控制方式的特点有选择地集中，可以组成混合控制方式。如前所述，由于开环控制方式稳定性好、成本低、精度差，而全闭环控制方式稳定性差，所以，为了互为弥补，以满足某些机床的控制要求，数控机床宜采用混合控制方式。采用较多的方式有开环补偿型和半闭环补偿型两种方式。

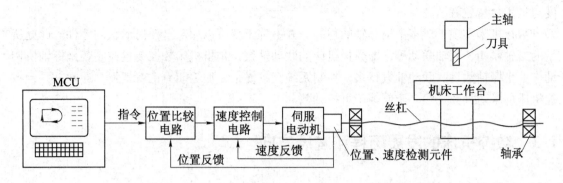

图 1.4　半闭环控制系统框图

1.2.4　按运动轨迹分类

1. 点位控制数控机床

点位控制数控机床只控制运动部件从一点准确地移动到另一点，在移动过程中不进行加工，因此，它对两点间的移动速度和运动轨迹没有严格要求，可以先沿一个坐标轴移动完毕，再沿另一个坐标轴移动，也可以沿多个坐标轴同时移动。但是为了提高加工效率，它一般要求运动时间最短；为了保证定位精度，它常常要求运动部件的移动速度是"先快后慢"，即先以快速移动接近目标点，再以低速趋近并准确定位。这类数控机床主要有数控钻床、数控坐标镗床和数控冲床等。

2. 直线控制数控机床

这类数控机床不仅要控制机床运动部件从一点准确地移动到另一点，还要控制两相关点之间的移动速度和轨迹。其轨迹一般为与某坐标轴平行的直线，也可以为与坐标轴成45°夹角的斜线，但不能为任意斜率的直线。由于这类数控机床可一边移动一边切削加工，因此，其辅助功能也比点位数控系统多一些。例如，它可能要求具有主轴转速控制、进给速度控制和刀具自动交换等功能。这类数控机床主要有简易数控车床、数控镗床等。直线控制数控机床也可以与点位数控系统结合起来，设计成点位/直线控制数控机床。

3. 轮廓控制数控机床

这类数控机床能够同时对两个或两个以上运动坐标的位移及速度进行连续相关的控制，使其合成的平面或空间的运动轨迹符合被加工工件图样的要求。这类数控系统的辅助功能比前两类都多。相应的数控机床主要有数控车床、数控铣床、数控磨床、加工中心和电加工机床等。其相应的数控装置称为轮廓控制数控系统。根据所控制的联动坐标轴数的不同，轮廓控制数控机床又可以分为二轴联动、二轴半联动、三轴联动、四轴联动、五轴联动等。

数控机床的可控轴数是指机床数控装置能够控制的坐标数目，即数控机床有几个运动方向采用了数字控制。例如，五轴控制的数控机床包含了3个移动坐标轴和2个转动坐标轴。数控机床完成的运动越多，控制轴数就越多，对应的功能就越强，同时，机床结构的复杂程度与技术含量也就越高。

数控机床实现了对多个坐标轴的控制，并不等于就可以加工出任何形状的零件。此处所指的二轴联动、五轴联动等，即数控机床的联动轴数，是指机床数控装置控制各坐标轴协调动作的坐标轴数目。联动轴数越多，控制系统就越复杂，加工能力也就越强。通常，一台数控机床的联动轴数一般小于或等于可控轴数。

1.3 数控机床的发展历程和发展方向

1.3.1 数控机床的发展历程

自 1952 年美国研制成功第一台数控机床以来，随着电子技术、计算机技术、自动控制技术和精密测量技术等的发展，数控机床也迅速地发展和不断地更新换代，先后经历了 5 个发展阶段。

第一代数控机床：1952—1959 年，采用电子管元件构成的专用数控（NC）装置。

第二代数控机床：从 1959 年开始，采用晶体管电路的 NC 系统。

第三代数控机床：从 1965 年开始，采用小、中规模集成电路的 NC 系统。

第四代数控机床：从 1970 年开始，采用大规模集成电路的小型通用电子计算机控制系统。

第五代数控机床：从 1974 年开始，采用微型电子计算机控制（Microcomputer Numerical Control，MNC）系统。第五代微机数控系统已取代了以往的普通数控系统，形成了现代数控系统。它采用微处理器及大规模或超大规模集成电路，具有很强的程序存储能力和控制功能。

进入 20 世纪 90 年代以来，计算机技术的飞速发展，加速了数控系统的更新换代。世界上许多数控系统生产厂家都利用 PC 机（Personal Computer，个人计算机）丰富的软硬件资源开发开放式体系结构的新一代数控系统（也称第六代数控机床）。开放式体系结构使数控系统具有更好的通用性、柔性、适应性、扩展性，并向智能化、网络化方向发展。开放式体系结构可以大量地采用通用微机的先进技术，如多媒体技术，实现声控自动编程、图形扫描自动编程等。数控系统继续向高集成度的方向发展，每个芯片上可以集成更多个晶体管，使系统体积更小，其更加小型化、微型化。数控系统利用多 CPU 的优势，实现故障自动排除，可靠性大大提高；增强通信功能，提高进线、联网能力。

新一代的数控机床——并联机床（又称 6 条腿数控机床、并联运动机器人、虚轴机床），是数控机床在结构上取得的重大突破。在 1994 年美国芝加哥国际机床展览会（IMTS 1994）上，美国 Giddings & Lewis 公司首次展出了 Variax 型并联运动机床，引起了各国机床研究单位和生产厂家的重视。它是一台以 Stewart 平台为基础的 5 坐标立式加工中心，标志着机床设计开始采用并联机构，是机床结构重大改革的里程碑。

当今数控技术在机床行业应用更加广泛，机械产品的数控化和智能化已遍布各种机械装备与机械产品，数控机床将向数字化、网络化、智能化方向发展，本书第 7 章有智能机床的相关介绍。

1.3.2 数控机床的发展方向

科学技术的发展，世界先进制造技术的兴起和不断成熟，对数控加工技术提出了更高的要求；超高速切削、超精密加工等技术的应用，对数控机床的各个组成部分的性能指标都提出了更高的要求。当今的数控机床正在不断地采用最新技术成就，朝着高速度化、高精度化、多功能化、智能化、系统化与高可靠性等方向发展，具体表现在以下几方面：

1. 高速度化与高精度化

速度和精度是数控机床的两个重要指标，它直接关系到加工效率和产品的质量，特别是在超高速切削、超精密加工技术的实施中，它对机床各坐标轴的位移速度和定位精度都提出了更高的要求；另外，这两项技术指标又是相互制约的，即位移速度要求越高，定位精度就越难提高。现代数控机床配备了高性能的数控系统及伺服系统，其位移分辨率和进给速度可达到 1 μm（100~240 m/min），0.1 μm（24 m/min），0.01 μm（400~800 mm/min）。为实现更高速度、更高精度的指标，我们主要对下述几方面进行研究：

（1）数控系统

数控系统采用位数、频率更高的微处理器，以提高系统的基本运算速度。目前，CPU 已由原来的 8 位过渡到 16 位、32 位至 64 位，主频已由原来的 5 MHz 提高到 16 MHz、20 MHz、32 MHz。有些系统已开始采用双 CPU 结构，以提高系统的数据处理能力，即提高插补运算的速度和精度。

（2）伺服驱动系统

全数字交流伺服系统大大提高了系统的定位精度、进给速度。数字伺服系统是指伺服系统中的控制信息用数字量来处理。随着数字信号微处理器速度的大幅度提高，伺服系统的信息处理可完全由软件来完成，这就是数字伺服。数字伺服系统利用计算机技术，在电动机上由专用 CPU 来实现数字控制，它一般具有下列特性：

① 采用现代控制理论，通过计算机软件实现最佳、最优控制。

② 数字伺服系统是一种离散系统，它是由采样器和保持器两个基本环节组成的。其校正环节（Proportion Integral Derivative，比例、积分、微分）控制由软件实现。由计算机处理的位置、速度和电流构成的三反馈实现全部数字化。

③ 数字伺服系统具有较高的动、静态精度，在检测灵敏度、时间和温度漂移以及噪声和外部干扰方面有极大的优越性。

④ 数字伺服系统一般配有 SERCOS（Serial Real-time Communication System，串行实时通信系统）板。这种新的标准接口提供了数字驱动设备、I/O（Input/Output，输入/输出）端口与运动/机床控制器之间开放的数字化接口。与现场总线相比，它可以实现高速位置闭环控制，处理多个运动轴的控制，同时可以采用精确、高效的光纤接口，以确保通信过程无噪声，简化模块之间的电缆连接，提高系统的可靠性。

在采用全数字伺服系统的基础上，数控机床开始采用直线电动机（见图 1.5）直接驱动机床工作台的"零传动"直线伺服进给方式。直线伺服电动机是为了满足数控机床向高速、超高速方向发展而开发的新型伺服系统。

（3）机床静、动摩擦的非线性补偿控制技术

机床静、动摩擦的非线性会导致机床爬行。除了在机械结构上人们采取措施降低摩擦外，新型的数控伺服系统还具有自动补偿机械系统静、动摩擦非线性的控制功能。

（4）高速大功率电主轴的应用

超高速加工对机床主轴转速提出了极高的要求（10 000～75 000 r/min），传统的齿轮变速主传动系统已不能适应其要求。为此，数控机床比较多地采用了"内装式电动机主轴"（Build-in Motor Spindle），简称"电主轴"（见图1.6）。它采用主轴电动机与机床主轴合二为一的结构形式，即采用无外壳电动机，其空心转子直接套装在机床主轴上，带有冷却套的定子则安装在主轴单元的壳体内，机床主轴单元的壳体就是电动机座，这样就实现了变频电动机与机床主轴一体化。主轴电动机的轴承需要采用磁浮轴承、液体动静压轴承或陶瓷滚动轴承等形式，以适应主轴高速运转的要求。

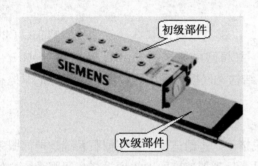

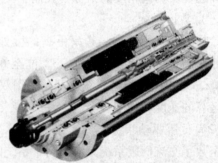

图1.5　直线电动机　　　　　　　　　　　　图1.6　电主轴

（5）配置高速、功能强的内装式可编程控制器

提高可编程控制器的运行速度，可满足数控机床高速加工的速度要求。新型的PLC具有专用的CPU，基本指令执行时间可达0.2 μs/步，编程步数达到16 000步以上。利用PLC的高速处理功能，使CNC与PLC之间有机地结合起来，可满足数控机床运行中的各种实时控制要求。

（6）采用高性能和可靠的新型功能部件——电滚珠丝杠

电滚珠丝杠（见图1.7）是伺服电动机与电滚珠丝杠的集成，具有减少传动环节、结构紧凑等一系列优点。采用电滚珠丝杠可以大大简化数控机床的结构，如图1.8所示。

2. 多功能化

① 数控机床采用一机多能，以最大限度地提高设备的利用率。

② 前台加工、后台编辑的前后台功能，可以充分提高工作效率和机床利用率。

③ 具有更强的通信功能，现代数控机床除具有通信口、DNC（Distributed Numerical Control，分布式数控）功能外，还具有网络功能。

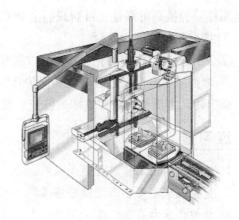

图 1.7　电滚珠丝杠　　　　　　图 1.8　采用电滚珠丝杠的机床

3. 智能化

（1）引进自适应控制技术

自适应控制（Adaptive Control，AC）技术的目的是在随机变化的加工过程中，通过自动调节加工过程中所测得的工作状态、特性，按照给定的评价指标自动校正机床自身的工作参数，以达到或接近最佳工作状态。在实际加工过程中，有 30 余种变量直接或间接地影响加工效果，如工件毛坯余量不均匀、材料硬度不均匀、刀具磨损、工件变形、机床热变形等。这些变量事先难以预知，编制加工程序时只能依据经验数据，以至于在实际加工中，机床很难用最佳参数进行切削。而自适应控制系统则能根据切削条件的变化，自动调节工作参数，如伺服进给参数、切削用量等，使加工过程能始终保持最佳的工作状态，从而得到较高的加工精度和较小的表面粗糙度，同时也能延长刀具的使用寿命和提高设备的生产效率。

（2）采用故障自诊断、自修复功能

该功能主要是指利用 CNC 系统的内装程序实现在线故障诊断，一旦出现故障时，该系统立即采取停机等措施，并通过 CRT（Cathode Ray Tube，阴极射线管）进行故障报警，提示发生故障的部位和原因等，并利用"冗余"技术，自动使故障模块脱机，接通备用模块。

（3）刀具寿命自动检测和自动换刀功能

该功能主要是指利用红外、声发射（Acoustic Emission，AE）、激光等检测手段，对刀具和工件进行检测，若 CNC 系统发现工件超差，刀具磨损或破损等情况，及时报警，自动补偿或更换备用刀具，以保证产品质量。

（4）引进模式识别技术

在数控加工过程中，数控机床应用图像识别和声控技术，使机器自行辨识图样，按照自然语言命令进行加工。

4. 高可靠性

数控机床的可靠性一直是用户最关心的主要指标，它取决于数控系统和各伺服驱动单元的可靠性，为提高可靠性，目前我们主要采取以下几方面的措施：

① 提高系统的硬件质量。

② 采用硬件结构模块化、标准化、通用化方式。

③ 增强故障自诊断、自恢复和保护功能。

除上述几方面外，数控机床的数控系统正向小型化、数控编程自动化等方向发展。

练习题

1. 数控机床的工作流程是什么？

2. 数控机床主要由哪几部分组成？各部分的基本功能是什么？

3. 数控机床和普通机床相比较，有哪些优点？

4. 数控机床可分为哪些类型？各有何特点？

模拟自测题

1. 填空题

（1）数控机床由_____、_____、_____、_____和_____组成。

（2）数控机床是采用_____技术对机床的加工过程进行自动控制的一类机床。

（3）突破传统机床结构的新一代的数控机床是_____机床。

2. 选择题

（1）数控机床的特点有加工精度高、（　　）、自动化程度高、劳动强度低、生产效率高等。

    A. 生产批量大的零件

    B. 生产装夹困难或完全靠找正定位来保证加工精度的零件

    C. 对加工对象的适应性强

    D. 生产必须用特定的工艺装备协调加工的零件

（2）一般数控钻床、数控镗床属于（　　）。

    A. 直线控制数控机床　　　　　　　　B. 轮廓控制数控机床

    C. 点位控制数控机床　　　　　　　　D. 曲面控制数控机床

（3）（　　）是数控系统和机床本体之间的电传动联系环节。

    A. 控制介质　　　　　　　　　　　　B. 数控装置

    C. 输出装置　　　　　　　　　　　　D. 伺服系统

（4）适合于加工形状特别复杂（如曲面叶轮）、精度要求较高的零件的数控机床是（　　）。

    A. 加工中心　　　　　　　　　　　　B. 数控铣床

    C. 数控车床　　　　　　　　　　　　D. 数控线切割机床

（5）闭环控制系统的位置检测装置装在（　　）。

A. 传动丝杠上   B. 伺服电动机轴上

C. 数控装置上   D. 机床移动部件上

3. 判断题

(1) 通常，一台数控机床的联动轴数一般会大于或等于可控轴数。 （ ）

(2) 数控机床的联动轴数和可控轴数是两个不同的概念，数控机床的联动轴数一般要大于可控轴数。 （ ）

(3) 数控机床适合于生产小批量复杂零件。 （ ）

(4) 机床本体是数控机床的机械结构实体，是用于完成各种切割加工的机械部分。

（ ）

(5) 数控系统是机床实现自动加工的核心，是整个数控机床的灵魂所在。 （ ）

4. 简答题

(1) 简述数控机床的发展趋势。

(2) 简述数控机床各组成部分的作用。

(3) 简要说明数控机床的主要工作过程。

2 数控机床的机械结构

学习目标

1. 掌握数控机床机械结构的组成及特点。
2. 理解数控机床主传动系统的特点和组成，掌握数控机床主传动系统的变速方法。
3. 理解数控机床进给系统的特点和组成，滚珠丝杠螺母副的特点和结构；掌握常用滚珠丝杠螺母副轴向间隙的调整方法，消除传动齿轮间隙的方法。
4. 了解数控机床上常用的导轨、工作台、位置检测装置、辅助装置的形式和特点。
5. 掌握自动换刀装置的常用刀库类型、选刀方式和换刀装置形式。

内容提要

本章首先概括了数控机床机械结构的组成及特点；其次重点介绍数控机床主传动系统的特点、变速方式、典型部件，进给传动系统的特点、常用消除传动齿轮间隙的方法、滚珠丝杠螺母副的结构和轴向间隙的调整方法，并对数控机床的导轨、工作台、位置检测装置、自动换刀装置、辅助装置等重要组成部分做了介绍。

2.1 数控机床机械结构的组成及特点

数控机床与普通机床一样，从本质上看，也是一种经过切削将金属材料加工成各种不同形状零件的设备。早期的数控机床，包括目前部分改造、改装的数控机床，大多数是在普通机床的基础上，通过对进给系统革新、改造而成的。因此，在许多场合，普通机床的构成模式、零部件的设计计算方法仍然适用于数控机床。但是，随着数控技术（包括伺服驱动、主轴驱动）的迅速发展，为了适应现代制造业对生产效率、加工精度和安全环保等方面越来越高的要求，现代数控机床的机械结构已经从初期对普通机床的局部改进，逐步发展形成了自己独特的结构。特别是近年来，随着电主轴、直线电动机等新技术、新产品在数控机床上的推广与应用，数控机床的机械结构正在发生着重大的变化，并联机床的出现和实用化，使传统的机床结构面临着更严峻的挑战。

2.1.1 数控机床机械结构的组成

数控机床的机械结构主要由以下几部分组成：

1. 主传动系统

它包括动力源、传动件及主运动执行件（主轴）等，其功用是将驱动装置的运动及动力传给执行件，以实现主切削运动。

2. 进给传动系统

它包括动力源、传动件及进给运动执行件（工作台、刀架）等，其功用是将伺服驱动装置的运动与动力传给执行件，以实现进给切削运动。

3. 基础支承件

它是指床身、立柱、导轨、滑座、工作台等，是整台机床的基础和框架，支承机床的各主要部件，并使它们在静止或运动中保持相对正确的位置。

4. 辅助装置

辅助装置是指实现某些部件动作和辅助功能的系统和装置。辅助装置视数控机床的不同而异，按机床的功能需要选用，如自动换刀系统、液压气动系统、润滑冷却装置和排屑防护装置等。

图2.1 所示为 JCS－018A 型立式镗铣加工中心机床外形。床身 10 为该机床的基础部件，交流变频调速电动机将运动经主轴箱 5 内的传动件传给主轴，实现旋转主运动。3 个伺服电动机分别经滚珠丝杠螺母副将运动传给工作台 8、滑座 9，实现 X、Y 坐标的进给运动；传给主轴箱 5，使其沿立柱导轨做 Z 坐标的进给运动。圆盘形刀库 4 可容纳 16 把刀具，由换刀

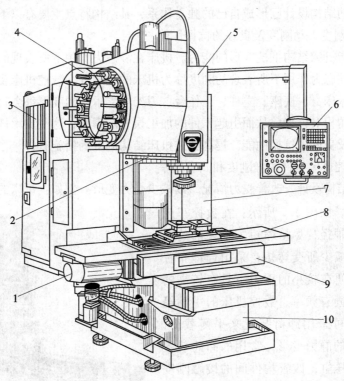

1—X 轴直流伺服电动机；2—换刀机械手；3—数控柜；4—圆盘形刀库；
5—主轴箱；6—机床操作面板；7—驱动电源柜；8—工作台；9—滑座；10—床身。

图2.1　JCS－018A 型立式镗铣加工中心机床外形

机械手 2 进行自动换刀。左后部为数控柜 3，右侧为驱动电源柜 7，它们分别位于机床立柱的两侧，机床操作面板 6 设置于方便操作的位置。

该机床可在一次装夹零件后，自动连续完成铣、钻、镗、铰、攻螺纹等加工。由于工序集中，它显著提高了加工效率，也有利于保证各加工面间的位置精度。该机床可以实现旋转主运动及 X、Y、Z 三个坐标的直线进给运动，还可以实现自动换刀。

数控机床可根据自动化程度、可靠性要求和特殊功能需要，选用各类破损监控、机床与工件精度检测、补偿装置和附件等。有些用于特殊加工的数控机床，如电加工数控机床和激光切割机，其主轴部件不同于一般数控金属切削机床，但对进给伺服系统的要求是一样的。本章内容中不做特殊说明的，都是针对一般金属切削类数控机床。

2.1.2　数控机床机械结构的特点

数控机床是高精度、高效率的自动化机床。其加工过程中的动作顺序、运动部件的坐标位置及辅助功能，都是按预先编制的加工程序自动进行的，操作者在加工过程中无法干预，不能像在普通机床上加工零件那样，可以对机床本身的结构和装配的薄弱环节进行人为的调整和补偿。因此，数控机床几乎在任何方面均要求比普通机床设计得更为完善、制造得更为精密。数控机床的结构设计已形成自己的独立体系，其结构特点主要有以下几方面：

1. 很高的静刚度、动刚度及良好的抗振性能

机床刚度是指机床结构抵抗变形的能力。机床在静态力作用下所表现的刚度称为机床的静刚度；机床在动态力作用下所表现的刚度称为机床的动刚度。数控机床要在高速和重负荷条件下工作，机床床身、底座、立柱、工作台、刀架等支承件的变形都会直接或间接地引起刀具和工件之间的相对位移，从而引起工件的加工误差。因此，这些支承件均应具有很高的静刚度、动刚度及良好的抗振性能。提高数控机床结构刚度的措施有：

（1）提高数控机床构件的静刚度和固有频率

合理地进行结构设计，改善受力情况，以减少受力变形。例如：机床的基础大件采用封闭整体箱形结构，如图 2.2 所示；在数控车床上加大主轴支承轴径，尽量缩短主轴端部的受力悬伸长度，以减少所受弯矩；采用合理布置的肋板结构，以便在较小的重力下具有较高的静刚度和适当的固有频率；数控机床的主轴箱或滑枕等部件，可采用卸荷装置来平衡载荷，以补偿部件引起的静力变形，常用的卸荷装置有重锤和平衡液压缸；改善构件间的接触刚度和机床与地基连接处的刚度等。

（2）改善数控机床结构的阻尼特性

改善机床结构的阻尼特性，是提高机床动

图 2.2　封闭整体箱形结构

刚度的重要措施。例如，可采用在大件内腔充填泥芯和混凝土等阻尼材料，也可采用阻尼涂层法，即在大件表面喷涂一层具有高内阻尼和较高弹性的粘滞弹性材料（如沥青基制成的胶泥减振剂、高分子聚合物和油漆泥子等），涂层厚度越大，阻尼越大。阻尼涂层常用于钢板焊接的大件结构。采用间断焊缝，也可以改变接合面的摩擦阻尼。间断焊缝虽使静刚度略有下降，但阻尼比大大增加。

（3）采用新材料和钢板焊接结构

长期以来，机床大件材料主要采用铸铁。现部分机床大件已采用新材料代替，主要的新材料是聚合物混凝土，它具有刚度高、抗振好、耐腐蚀和耐热的特点。用丙烯酸树脂混凝土制成的床身，其动刚度比铸铁高 6 倍。用钢板焊接结构件替代铸铁构件的趋势也在不断扩大，钢板焊接结构从在单件和小批量生产的重型机床和超重型机床上应用，逐步发展到在有一定批量的中型机床上应用。钢板焊接结构既可以增加静刚度，减小结构质量，又可以增加构件本身的阻尼，因此，近年来一些数控机床采用了钢板焊接结构的床身、立柱、横梁和工作台。

2. 良好的热稳定性

机床在切削热、摩擦热等内外热源的影响下，各个部件将发生不同程度的热变形，这会使工件与刀具之间的相对位置关系遭到破坏，从而影响工件的加工精度，图 2.3 所示为机床热变形对加工精度的影响。为减少热变形的影响，让机床热变形达到稳定状态，预热机床常常要花费很长的时间，这又影响了生产率。对于数控机床来说，热变形的影响就更突出。一方面，工艺过程的自动化及其精密加工的发展，对机床的加工精度和精度的稳定性提出了越来越高的要求；另一方面，数控机床的主轴转速、进给速度以及切削用量等也大于传统机床的主轴转速、进给速度及切削用量，而且数控机床长时间连续加工，产生的热量也多于传统机床。因此，我们要特别重视采取措施减少热变形对加工精度的影响。

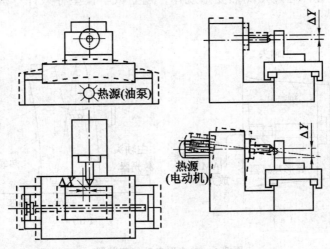

图 2.3　机床热变形对加工精度的影响

减少热变形主要应从两方面着手：一方面对热源采取液冷、风冷等方法来控制温升，例如，在加工过程中采用多喷嘴大流量对切削部位进行强制冷却，如图2.4所示。另一方面是改善机床结构，在同样发热的条件下，机床的结构不同，则热变形的影响也不同。例如，对数控机床的主轴箱，应尽量使主轴的热变形发生在非误差敏感方向上，在结构上还应尽可能减少零件变形部分的长度，以减少热变形总量。目前，根据热对称原则设计的数控机床取得了较好的效果。这种结构相对热源来说是对称的，在产生热变形时，工件或刀具回转中心对称线的位置基本不变。例如，卧式加工中心的立柱采用框式双立柱结构，如图2.5所示，热变形时主轴中心主要产生垂直方向的变化，很容易进行补偿。

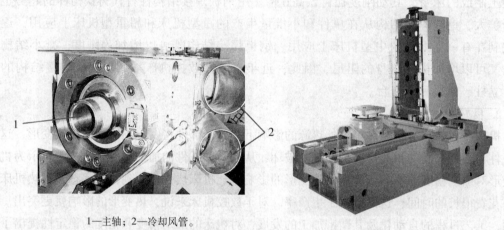

1—主轴；2—冷却风管。

图2.4　对机床热源进行强制冷却　　　　　图2.5　热对称结构立柱

另外，还可以采用热平衡措施和特殊的调节元件来消除或补偿热变形。图2.6所示为热变形自动修正装置，通过预测热变形规律，建立数学模型存入计算机中，以进行实时补偿。

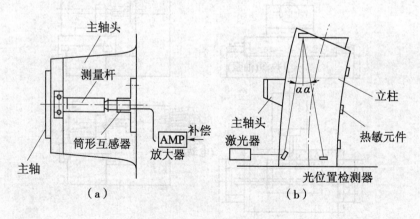

图2.6　热变形自动修正装置

3. 较高的灵敏度

数控机床通过数字信息来控制刀具与工件的相对运动，它要求在相当大的进给速度范围内都能达到较高的精度，因而运动部件应具有较高的灵敏度。导轨部件通常采用滚动导轨、塑料导轨、静压导轨等，以减少摩擦力，使其在低速时无爬行现象。工作台、刀架等部件的移动，由交流或直流伺服电动机驱动，经滚珠丝杠传动，减少了进给系统所需要的驱动扭矩，从而提高了定位精度和运动平稳度。

数控机床在加工时，各坐标轴的运动都是双向的，传动元件之间的间隙会影响机床的定位精度及重复定位精度，因此，我们必须采取措施消除进给传动系统中的间隙，如齿轮副、丝杠螺母副的间隙。

近年来，随着新材料、新工艺的普及与应用，高速加工已经成为目前数控机床的发展方向之一。快进速度达到了每分钟数十米甚至上百米，主轴转速达到每分钟上万转甚至十几万转，采用电主轴、直线电动机、直线滚动导轨等新产品、新技术已势在必行。

4. 高效化装置、高人性化操作

由于数控机床是一种高速、高效机床，在一个零件的加工时间中，辅助时间即非切削时间占有较大比例，因此，压缩辅助时间可大大提高生产率。已有许多数控机床采用多主轴、多刀架及自动换刀等装置，特别是加工中心，可在一次装夹下完成多工序的加工，以节省大量装夹换刀的时间。

此种自动化程度很高的加工设备，与传统机床的手工操作不同，其操作性能有新的含义。由于切削加工不需要人工操作，故可用封闭式和半封闭式加工。数控机床要有明快、干净、协调的人机界面，要尽可能有利于操作者观察，操作者要注意提高机床各部分的互锁能力，同时，数控机床要安装紧急停车按钮，要留有最有利于工件装夹的位置。数控机床将所有操作都集中在一个操作面板上，操作面板要一目了然，不要有太多的按钮和指示灯，以减少误操作。

2.2 数控机床的主传动系统

数控机床主传动系统的作用就是产生不同的主轴切削速度，以满足不同的加工条件要求。

数控机床主传动系统主要包括电动机、传动系统和主轴部件，与普通机床的主传动系统相比，在结构上比较简单。这是因为变速功能全部或大部分由主轴电动机的无级调速来承担，省去了复杂的齿轮变速机构，有些只有二级或三级齿轮变速系统，用以扩大电动机无级调速的范围。如图 2.7 所示为 TND 型数控车床主传动系统，它由带测速发电机的直流电动机驱动，电动机通过同步齿形带使主轴箱内的 I 主轴旋转，主轴箱内有二级齿轮变速系统，使 II 主轴获得高、低两个挡的速度段，高速段和低速段的变换由液压缸推动滑移齿轮来实现。为了数控机床能加工螺纹，主轴还装有脉冲编码器。

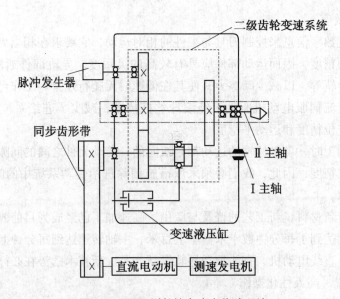

图 2.7　TND 型数控车床主传动系统

2.2.1　数控机床主传动系统的特点

与普通机床相比较，数控机床主传动系统具有下列特点：

1. 转速高、功率大

数控机床的主传动系统能使数控机床进行大功率切削和高速切削，从而实现高效率加工。

2. 变速范围宽

数控机床的主传动系统有较宽的调速范围，一般 $R_n > 100$（R_n 表示调速范围），以保证加工时能选用合理的切削用量，从而获得最佳的生产率、加工精度和表面质量。

3. 主轴变速迅速、可靠

数控机床的变速是按照控制指令自动进行的，因此，变速机构必须适应自动操作的要求。直流和交流主轴电动机的调速系统日趋完善，不仅能够方便地实现宽范围无级变速，而且减少了中间传递环节，提高了变速控制的可靠性。

4. 主轴组件的耐磨性高

主轴组件的耐磨性高能使传动系统长期保证精度。凡有机械摩擦的部位，如轴承、锥孔等都有足够的硬度，轴承处还有良好的润滑。

2.2.2　数控机床主传动系统的变速方式

数控机床主轴的调速是按照控制指令自动执行的，因此，变速机构必须能适应自动操作的要求。在主传动系统中，目前多数采用交流主轴电动机和直流主轴电动机无级调速系统。为扩大调速范围，满足低速大扭矩的要求，数控机床主传动系统也经常应用齿轮有级调速和电动机无级调速相结合的调速方式。

数控机床主传动系统主要有 4 种变速方式，如图 2.8 所示。

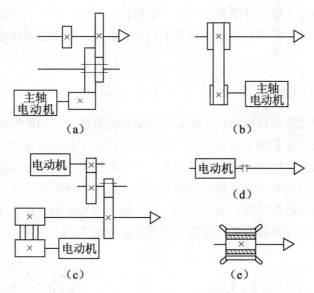

图 2.8　数控机床主传动系统的变速方式
（a）变速齿轮；（b）带传动；（c）两个电动机分别驱动；
（d）由调速电动机直接驱动；（e）内装式电主轴

1. 带有变速齿轮的主传动

大、中型数控机床多数采用这种变速方式。如图 2.8（a）所示，主传动系统通过少数几对齿轮降速，扩大输出扭矩，以满足主轴低速时对输出扭矩特性的要求。数控机床在交流或直流电动机无级变速的基础上配以齿轮变速，可实现分段无级变速。滑移齿轮的移位大都采用液压缸加拨叉，或者直接由液压缸带动齿轮来实现。

2. 通过带传动的主传动

如图 2.8（b）所示，这种传动主要应用在转速较高、变速范围不大的机床上。电动机本身的调速就能够满足要求，这种传动不用齿轮变速，这样可以避免齿轮传动引起的振动与噪声。它适用于高速、低转矩特性要求的主轴。常用的装置是三角带和同步齿形带。

3. 两个电动机分别驱动主轴

如图 2.8（c）所示，这是上述两种方式的混合传动，具有上述两种性能。高速时，电动机通过皮带轮直接驱动主轴旋转；低速时，另一个电动机通过两级齿轮传动驱动主轴旋转，齿轮起到降速和扩大变速范围的作用，这样就使恒功率区增大，扩大了变速范围，克服了低速时转矩不够且电动机功率不能充分利用的问题。但两个电动机不能同时工作，这也是一种浪费。

4. 由调速电动机直接驱动的主传动

如图 2.8（d）所示，调速电动机与主轴用联轴器同轴联接，这种方式大大简化了主传动系统的结构，有效地提高了主轴部件的刚度，但主轴输出扭矩小，电动机发热对主轴精度影响较大。近年来，另外一种内装式电主轴出现，如图 2.8（e）所示，即主轴与电动机转子合二为一。其优点是主轴部件结构更紧凑，质量轻，惯量小，可提高启动、停止的响应特性，并有利于控制振动和噪声；缺点是热变形问题，因此，温度控制和冷却是使用内装式电主轴的关键问题。

2.2.3 数控机床的主轴部件

数控机床主传动系统的机械结构主要是主轴部件的结构。主轴部件既要满足精加工时精度较高的要求，又要具备粗加工时高效切削的能力，因此，其在旋转精度、刚度、抗振性和热变形等方面都有很高的要求。在局部结构上，一般数控机床的主轴部件与其他高效、精密自动化机床的主轴部件没有多大区别，如图 2.9 所示为 TND360 型数控车床主轴组件。但对于具有自动换刀功能的数控机床，其主轴部件除主轴、主轴轴承、传动件和密封件等一般组成部分外，还有刀具自动装卸及吹屑装置、主轴准停装置等。

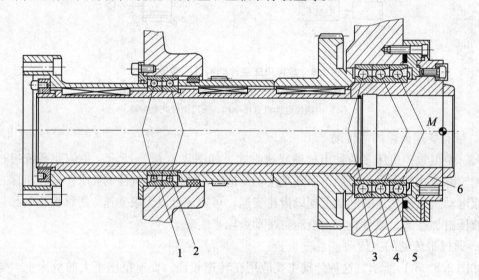

1，2—后轴承；3—轴承；4，5—前轴承；6—空心主轴。

图 2.9 TND360 型数控车床主轴组件

1. 主轴端部的结构形状

主轴端部用于安装刀具或夹持工件的夹具，在设计要求方面，应能保证定位准确、安装可靠、连接牢固、装卸方便，并能传递足够的转矩。主轴端部的结构形状已标准化。如图 2.10 所示为数控机床常用的主轴端部的结构形式。

如图 2.10（a）所示为车床主轴端部，卡盘靠前端的短圆锥面和凸缘端面定位，其用拨销传递转矩。卡盘装有固定螺栓，当卡盘装于主轴端部时，螺栓从凸缘上的孔中穿过，转动快卸卡板可将数个螺栓同时拴住，再扭紧螺母将卡盘固牢在主轴端部。主轴为空心，前端有莫氏锥度孔，用以安装顶尖或心轴。

如图 2.10（b）所示为镗、铣类数控机床主轴端部，铣刀或刀杆在前端 7：24 的锥孔内定位，并用拉杆从主轴后端拉紧，由前端的端面键传递转矩。

2. 主轴轴承的配置形式

主轴轴承的支承形式主要取决于主轴转速特性的速度因素和对主轴刚度的要求。目前，数控机床主轴轴承的配置形式主要有 3 种，如图 2.11 所示。

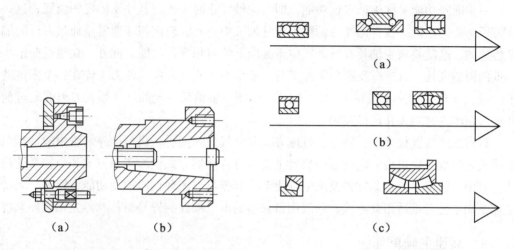

图 2.10　数控机床常用的主轴端部的结构形式　　　　**图 2.11　主轴轴承的配置形式**

（1）前、后支承采用不同轴承

如图 2.11（a）所示为数控机床前支承采用双列短圆柱滚子轴承和 60°角接触双列向心推力球轴承，后支承采用成对向心推力球轴承，此种结构普遍应用于各种数控机床，其综合刚度高，可以满足强力切削要求。

（2）前支承采用多个高精度向心推力球轴承

如图 2.11（b）所示为前支承采用多个高精度向心推力球轴承，这种配置具有良好的高速性能，但它的承载能力较小，它适用于高速轻载和精密数控机床。

（3）前、后支承采用单列和双列圆锥滚子轴承

如图 2.11（c）所示为前支承采用双列圆锥滚子轴承，后支承采用单列圆锥滚子轴承，其径向和轴向刚度很高，能承受重载荷，但这种结构限制了主轴的最高转速，因此它适用于中等精度、低速重载的数控机床。

3. 主轴的润滑和冷却

主轴轴承的润滑和冷却是保证主轴正常工作的必要手段。主轴的冷却以减少轴承及切割磁力线发热，有效控制热源为主，通常数控机床利用润滑油循环系统把主轴部件的热量带走，使主轴部件与箱体保持恒定的温度。某些数控机床还可采用专门的冷却装置，以控制主轴箱的温升。有些主轴轴承采用高级油脂润滑，每加一次油脂可以使用 7～10 年。某些主轴要保证在高速时正常冷却和润滑的效果，则其要采用油气润滑、喷注润滑和突入滚道润滑等措施。

4. 刀具自动装卸及切屑清除装置

在某些带有刀具库的数控机床中，主轴组件还带有刀具自动装卸装置和主轴孔内的切屑清除装置。刀具自动装卸一般由液压或气压装置予以实现；而切屑清除则是通过设于主轴孔内的压缩空气喷嘴来实现的，其孔眼分布及角度是影响清除效果的关键。

5. 主轴准停装置

主轴准停功能又称主轴定位功能，即当主轴停止时，控制其停于固定的位置，这是自动换刀所必需的功能。在自动换刀的数控镗铣加工中心上，切削扭矩通常是通过刀杆的端面键来传递的，这就要求主轴具有准确定位于圆周上特定角度的功能。此外，在通过前壁小孔镗内壁的同轴大孔，或进行反倒角等加工时，要求主轴实现准停，使刀尖停在一个固定的方位上（或在 X 轴方向上，或在 Y 轴方向上），以便主轴偏移一定的尺寸后大刀刃能通过前臂小孔进入箱体内并对大孔进行镗削。

目前准停装置很多，主要分为机械方式和电气方式两种。机械准停装置中较典型的是 V 形槽轮定位盘准停机构。电气准停装置主要有磁传感器方式、编码型方式和数控系统控制方式。其中，数控系统控制方式要求主轴驱动控制器具有闭环伺服控制功能，因此，大功率的主轴驱动系统较难适用此方式。一般用得较多的电气准停装置是磁传感器主轴准停系统。

2.2.4 高速主轴单元

高速化是机床的发展趋势。高速机床和并联机床均为机床突破性的重大变革，进入 20 世纪 90 年代以来，高速加工技术已开始进入工业应用阶段，我国已取得了显著的技术经济效益。

高速数控机床的工作性能，首先取决于高速主轴的性能。高速切削加工机床的主轴部件已经模块化，往往被做成"主轴单元"，由专业厂进行系列化和专门化生产。数控机床高速主轴单元包括主轴动力源、主轴、轴承和机架等几部分，它影响加工系统的精度、稳定性及应用范围，其动力学性能及稳定性对高速加工起着关键的作用。高速主轴单元要求动平衡性高、刚性好、回转精度高，有良好的热稳定性，能传递足够的力矩和功率，能承受高离心力，带有准确的测温装置和高效冷却装置。高速主轴单元是高速切削机床最重要的部件，也是实现高速和超高速加工的关键技术之一。

高速主轴单元的类型主要有电主轴、气动主轴、水动主轴等。不同类型的高速主轴单元输出功率相差较大。高速加工机床主轴要求在极短的时间内实现升降速，并在指定位置快速准停，这就需要主轴有较高的角减速度和角加速度。如果它通过传动带等中间环节，不仅会在高速状态下打滑，产生振动和噪声，而且会增加转动惯量，给机床快速准停造成困难。随着电气传动技术（变频调速技术、电动机矢量控制技术等）的迅速发展和日趋完善，高速数控机床主传动系统的机械结构已得到极大的简化，基本上取消了带轮传动和齿轮传动。在国内外近年来生产的高速数控机床中，大多数采用了主轴电动机与机床主轴合二为一的结构形式，即内装主轴式电动机——电主轴，从而把机床主传动链的长度缩短为零，实现了机床的"零传动"。气动主轴的研究主要应用于精密加工，功率较小，其最高转速为 150 000 r/min，输出功率为 30 W 左右。

2.3 数控机床的进给传动系统

数控机床的进给传动系统负责接受数控系统发出的脉冲指令，并经放大和转换后驱动机床运动执行件实现预期的运动。

进给传动系统包括减速齿轮、联轴器、滚珠丝杠螺母副、丝杠支承、导轨副、传动数控回转工作台的蜗杆蜗轮等机械环节。如图 2.12 所示为完成直线运动的进给传动系统示意图。

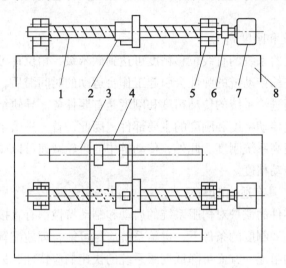

1—滚珠丝杠；2—滚珠螺母；

3—滚动直线导轨；4—工作台；5—支承轴承；

6—联轴器；7—伺服电动机；8—床身。

图 2.12　完成直线运动的进给传动系统示意图

2.3.1　数控机床对进给系统的要求

数控机床的主运动多数以提供主切削运动为目的，代表着生产率。而进给运动以保证刀具相对位置关系为目的，被加工工件的轮廓精度和位置精度都要受到进给运动的传动精度、灵敏度和稳定性的直接影响。无论点位控制还是连续控制，其进给运动都是数字控制系统的直接控制对象。闭环控制系统还需要在进给运动的末端加上位置检测系统，并将测量的实际位移反馈到控制系统中，以使运动更准确。因此，进给运动的机械结构必须具备以下几个特点：

1. 运动件间的摩擦阻力小

进给运动中的摩擦阻力会降低传动效率，并产生摩擦热，特别是会影响系统的快速响应特性。动摩擦、静摩擦阻力之差会使运动产生爬行现象，因此，进给系统必须有效地减少运动件之间的摩擦阻力。进给系统虽有很多零部件，但摩擦阻力主要来源于导轨和滚珠丝杠。因此，改善导轨和滚珠丝杠结构使摩擦阻力减少是主要目标之一。

2. 消除传动系统中的间隙

进给系统的运动都是双向的，系统中的间隙使工作台不能马上跟随指令运动，从而造成系统快速响应特性变差。对于开环伺服系统，传动环节的间隙会产生定位误差；对于闭环伺服系统，传动环节的间隙会增加系统工作的不稳定性。因此，在传动系统的各个环节，包括滚珠丝杠、轴承、齿轮、蜗轮蜗杆，以及联轴器和键联接，它们都必须采取相应的消除间隙的措施。

3. 传动系统的精度和刚度高

通常，数控机床进给系统的直线位移精度可达到微米级，角位移可达到秒级。进给传动的驱动力矩也很大，进给传动链的弹性会引起工作台运动的时间滞后，从而降低系统的快速响应特性，因此，提高进给系统的传动精度和刚度是首要任务。导轨结构、丝杠螺母、蜗轮蜗杆的支承结构是决定传动精度和刚度的主要部件。因此，首先进给系统要保证它们的加工精度和表面质量，以提高系统刚度。此外，传动链中的齿轮减速可以减少脉冲当量，减少传动误差的传递，提高传动精度。

4. 减少运动惯性，具有适当的阻尼

进给系统中每个零件的惯量对伺服系统的启动和制动特性都有直接影响，特别是高速运动的零件。在满足强度和刚度的条件下，进给系统应尽可能合理地配置各元件，使它们的惯性尽可能小。系统中的阻尼一方面可降低伺服系统的快速响应特性，另一方面能够提高系统的稳定性，因此进给系统中要有适当的阻尼。

2.3.2　传动齿轮副

进给系统采用齿轮传动装置，是为了使丝杠、工作台的惯性在系统中占有较小比例；同时可使高转速低转矩的伺服驱动装置的输出变为低转速大转矩，从而满足驱动执行元件的需要；另外，在开环控制系统中我们还可以计算所需的脉冲当量。

由于数控机床进给系统的传动齿轮副存在间隙，在开环控制系统中会造成进给运动的位移值滞后于指令值；反向时，会出现反向死区，影响加工精度。在闭环控制系统中，由于有反馈作用，滞后量虽可得到补偿，但反向时反馈作用会使伺服系统产生振荡而不稳定。为了提高数控机床伺服系统的性能，我们可采用下列方法减少或消除齿轮传动间隙：

1. 刚性调整法

刚性调整法是一种调整后齿侧间隙不能自动补偿的调整方法。因此，齿轮的周节公差及齿厚需要严格控制，否则传动的灵活性就会受到影响。这种调整方法的结构比较简单，且有较好的传动刚度。

（1）偏心轴套调整法

如图2.13所示为偏心轴套式调整间隙结构，电动机通过偏心轴套2安装在壳体上，小齿轮装在偏心轴套 2 上，此结构可以通过偏心轴套 2 调整主动齿轮和从动齿轮之间的中心距来消除齿轮传动副的齿侧间隙。

（2）锥度齿轮调整法

如图 2.14 所示为用一个带有锥度的齿轮来消除间隙的结构，一对啮合着的圆柱齿轮，若它们的节圆直径沿着齿厚方向制成一个较小的锥度，只要改变垫片 3 的厚度就能改变齿轮 2 和齿轮 1 的轴向相对位置，从而消除齿侧间隙。该方法也称为轴向垫片调整法。

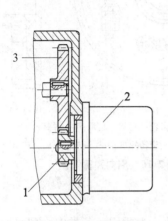

1，3—齿轮；2—偏心轴套。

图 2.13　偏心轴套式调整间隙结构

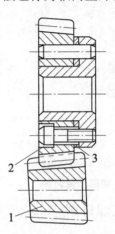

1，2—齿轮；3—垫片。

图 2.14　轴向垫片调整结构

2. 柔性调整法

柔性调整法是一种调整之后齿侧间隙仍可自动补偿的调整方法。这种方法一般采用调整压力弹簧的压力来消除齿侧间隙，并在齿轮的齿厚和周节有变化的情况下，也能保持传动齿轮副无间隙啮合；但这种结构较复杂，轴向尺寸大，传动刚度低，同时，传动平稳性也差。

（1）轴向压簧调整法

如图 2.15 所示为轴向压簧调整，两个薄片斜齿轮 1 和 2 用键滑套在轴 6 上，用螺母 5 来调节压力弹簧 3 的轴向压力，使薄片斜齿轮 1 和 2 的左、右齿面分别与宽斜齿轮齿槽的左右侧面贴紧。

（2）周向弹簧调整法

如图 2.16 所示为周向弹簧调整，两个齿数相同的薄片齿轮 1 和 2 与另一个宽齿轮相啮合，齿轮 1 空套在齿轮 2 上，可以相对回转。每个齿轮端面分别装有凸耳 3 和 8，齿轮 1 的端面还有 4 个通孔，凸耳 8 可以从中穿过，弹簧 4 分别钩在调节螺钉 7 和凸耳 3 上，旋转螺母 5 和 6 可以调整弹簧 4 的拉力，弹簧的拉力可以使薄片齿轮错位，即两个薄片齿轮的左、右齿面分别与宽齿轮齿槽的右、左贴紧，从而消除齿侧间隙。

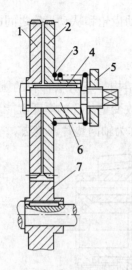

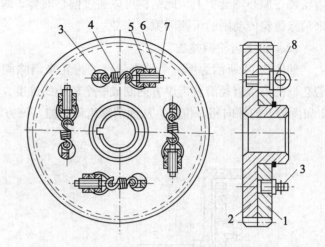

1，2—薄片斜齿轮；3—压力弹簧；4—键；
5—螺母；6—轴；7—宽斜齿轮。

图 2.15 轴向压簧调整

1，2—齿轮；3，8—凸耳；4—弹簧；
5，6—旋转螺母；7—调节螺钉。

图 2.16 周向弹簧调整

2.3.3 滚珠丝杠螺母副

滚珠丝杠螺母副的作用是将回转运动转换为直线运动，主要用于各类中小型数控机床的直线进给。

1. 滚珠丝杠螺母副的工作原理与特点

滚珠丝杠螺母副的结构如图 2.17 所示，在丝杠 3 和螺母 1 上都有半圆弧形的螺旋槽，当它们套装在一起时，便形成了滚珠的螺旋滚道。螺母上有滚珠回路管道 b，将几圈螺旋滚道的两端连接起来构成封闭的循环滚道，并在滚道内装满滚珠 2。当丝杠旋转时，滚珠在滚道内既自转又沿滚道循环转动，因而迫使螺母（或丝杠）轴向移动。滚珠丝杠螺母副中有滚动摩擦，它具有以下特点：

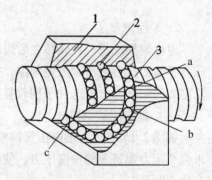

1—螺母；2—滚珠；3—丝杠；
a，c—滚道；b—回路管道。

图 2.17 滚柱丝杠螺母副的结构

① 摩擦损失小，传动效率高，滚珠丝杠螺母副的传动效率 η 可达 0.92 ~ 0.96，比常规的丝杠螺母副提高了 3 ~ 4 倍，因此，其功率消耗只相当于常规丝杠螺母副的 1/4 ~ 1/3。

② 灵敏度高，传动平稳，不易产生低速爬行现象，随动精度和定位精度高。

③ 磨损小，寿命长，精度保持性好。

④ 给予适当预紧，可消除丝杠和螺母的螺纹间隙，进而反向可以消除空程死区，提高反向传动精度和轴向刚度。

⑤ 运动具有可逆性，即它能将旋转运动转换为直线运动，或将直线运动转换为旋转运

动，因此它不能自锁，丝杠立式使用时，应增加制动装置。

⑥ 制造工艺复杂，成本高。

2. 滚珠丝杠螺母副的结构

滚珠的循环方式有外循环和内循环两种。滚珠在循环过程中有时与丝杠脱离接触的方式称为外循环式，始终与丝杠保持接触的方式称为内循环式。循环中的滚珠称为工作滚珠，工作滚珠所走过的滚道圈数称为工作圈数。

（1）外循环

外循环滚珠丝杠螺母副按滚珠循环时的返回方式主要有插管式和螺旋槽式。如图 2.18（a）所示为插管式，它用弯管作为返回管道。这种形式的结构工艺性好，但由于管道突出于螺母体外，径向尺寸较大。如图 2.18（b）所示为螺旋槽式，它是在螺母外圆上铣出螺旋槽，槽的两端钻出通孔并与螺纹滚道相切，形成返回通道。这种形式的结构比插管式结构径向尺寸小，但制造较复杂。

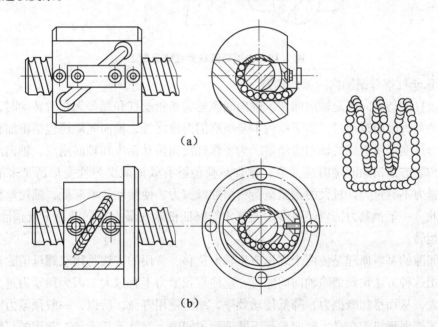

（a）

（b）

图 2.18　外循环滚珠丝杠螺母副

（a）插管式；（b）螺旋槽式

（2）内循环

这种循环靠螺母上安装的反向器接通相邻滚道，循环过程中滚珠始终与丝杠保持接触，如图 2.19 所示。滚珠从螺纹滚道进入反向器，借助反向器迫使滚珠越过丝杠牙顶进入相邻滚道，从而实现循环。一般一个螺母上装有 2～4 个反向器，反向器沿螺母圆周等分分布。内循环的优点是径向尺寸紧凑、刚性好，因其返回滚道较短，故摩擦损失小；缺点是反向器加工困难。

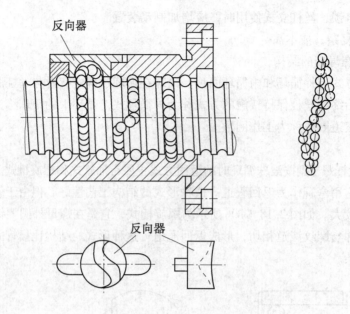

图 2.19　内循环滚珠丝杠螺母副

3. 滚珠丝杠螺母副轴向间隙的调整

滚珠丝杠的传动间隙是轴向间隙。轴向间隙通常是指丝杠和螺母无相对转动时，丝杠和螺母之间的最大轴向窜动量。除了结构本身所有的游隙之外，轴向间隙还包括施加轴向载荷后产生的弹性变形所造成的轴向窜动量。为了保证反向传动精度和轴向刚度，轴向间隙必须消除。用预紧方法消除间隙时应注意，预加载荷能够有效地减少弹性变形所带来的轴向位移，但预紧力不宜过大。过大的预紧载荷将增加摩擦力，使传动效率降低，缩短丝杠的使用寿命，因此，一般预紧力需要经过多次调整才能保证机床在最大轴向载荷下既消除了间隙，又能灵活运转。

消除间隙的基本原理是使两个螺母产生轴向位移，常用的方法是用双螺母消除丝杠与螺母间隙。用这种方法预紧消除轴向间隙时，应注意预紧力不宜过大。因为预紧力过大会使空载力矩增大，从而增加摩擦力，降低传动效率，缩短使用寿命，所以，一般预紧力需要经过多次调整才能保证机床在最大轴向载荷下既消除了间隙，又能灵活运转。常用的双螺母丝杠消除间隙方法有以下几种：

（1）垫片调隙式

如图 2.20 所示为双螺母垫片调隙式结构，调整垫片的厚度使左右螺母产生轴向位移，从而达到消除间隙和产生预紧力的作用。这种方法结构简单、刚性好、装卸方便、可靠；缺点是调整费时，很难在一次修磨中完成，调整精度不高，该方法仅适用于一般精度的数控机床。

（2）齿差调隙式

如图 2.21 所示为双螺母齿差调隙式结构。齿差调隙式结构较为复杂，尺寸较大；但是该方法调整方便，可获得精确的调整量，预紧可靠而不会松动，它适用于高精度传动。

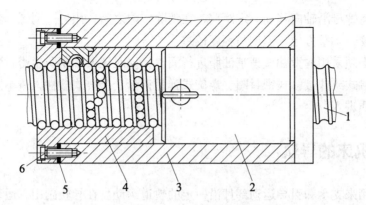

1—丝杠；2，4—螺母；3—螺母座；5—垫片；6—螺钉。

图 2.20　双螺母垫片调隙式结构

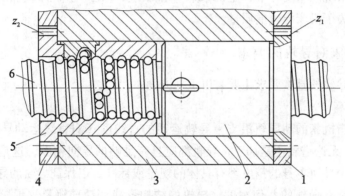

1，4—内齿圈；2，5—螺母；3—螺母座；6—丝杠。

图 2.21　双螺母齿差调隙式结构

（3）螺纹调隙式

如图 2.22 所示为双螺母螺纹调隙式结构，用键限制螺母在螺母座内的转动。调整时，

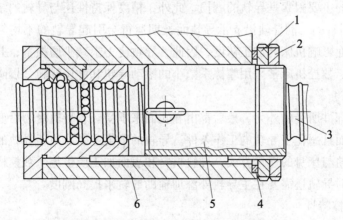

1，2—圆螺母；3—丝杠；4—垫片；5—螺母；6—螺母座。

图 2.22　双螺母螺纹调隙式结构

拧动圆螺母，将螺母沿轴向移动一定距离，在消除间隙之后，用另一圆螺母将其锁紧。这种结构简单、紧凑，调整方便，但调整精度较差。

滚珠丝杠必须采用润滑油或锂基油脂进行润滑，同时还要采用防尘密封装置。例如，滚珠丝杠采用接触式或非接触式密封圈、螺旋式弹簧钢带、折叠式塑性人造革防护罩，以防止尘土及硬性杂质进入。

2.4　数控机床的导轨

导轨主要用来支承和引导运动部件沿一定的轨道运动。在导轨副中，运动的一方称为动导轨，不动的一方称为支承导轨。动导轨相对于支承导轨的运动，通常是直线运动或回转运动。导轨是进给系统的重要环节，是机床基本结构的要素之一。机床的加工精度和使用寿命在很大程度上取决于机床导轨的质量。

2.4.1　数控机床对导轨的要求

数控机床对导轨的基本要求主要有以下几方面：

1. 导向精度高

导向精度是指机床的动导轨沿支承导轨运动的直线度（对直线运动导轨）或圆度（对圆周运动导轨）。无论空载还是加工，导轨都应具有足够的导向精度，这是对导轨的基本要求。各种机床对于导轨本身的精度都有具体的规定或标准，以保证导轨的导向精度。影响导向精度的主要因素有导轨的几何精度、导轨的结构形式、动导轨及支承导轨的刚度和热变形、装配质量以及动压导轨和静压导轨之间油膜的刚度。

2. 耐磨性能好

导轨的耐磨性决定了导轨的精度保持性。精度保持性是指导轨能否长期保持原始精度。影响精度保持性的主要因素是导轨的磨损，此外，精度保持性还与导轨的结构形式及支承件（如床身）的材料有关。动导轨沿支承导轨面长期运行会引起导轨的不均匀磨损，破坏导轨的导向精度，从而影响机床的加工精度，因此，导轨应力求减少磨损量，并在磨损后能自动补偿或便于调整。数控机床常采用摩擦系数小的滚动导轨和静压导轨，以降低导轨磨损。

3. 足够的刚度

机床各运动部件所受的外力，最后都由导轨面来承受。若导轨受力后变形过大，不仅破坏了导向精度，而且恶化了导轨的工作条件。导轨的刚度主要取决于导轨的类型、结构形式和尺寸大小，导轨与床身的连接方式，导轨材料和表面加工质量等。数控机床的导轨截面面积通常较大，有时导轨还需要在主导轨外添加辅助导轨来提高刚度。

4. 良好的摩擦特性

数控机床导轨的摩擦系数要小，而且动摩擦、静摩擦系数应尽量接近，以减小摩擦阻力和导轨热变形，使运动轻便平稳，低速无爬行。

5. 工艺性好

数控机床的导轨应便于制造和装配，便于检验、调整和维修，而且应有合理的导轨防护和润滑措施等。

2.4.2　数控机床导轨的类型与特点

按运动轨迹导轨可分为直线运动导轨和圆运动导轨；按工作性质导轨可分为主运动导轨、进给运动导轨和调整导轨；按接触面的摩擦性质导轨可分为滑动导轨、滚动导轨和静压导轨3种。

1. 滑动导轨

滑动导轨（见图2.23）具有结构简单、制造方便、刚度好、抗振性高等优点。传统的铸铁—铸铁导轨、铸铁—淬火钢导轨的缺点是静摩擦系数大，而且动摩擦系数随速度变化而变化，摩擦损失大，低速（1～60 mm/min）时导轨易出现爬行现象，从而降低了运动部件的定位精度，故除经济型数控机床外，其他数控机床已不采用滑动导轨。数控机床多数使用贴塑滑动导轨，即在动导轨的摩擦表面上贴上一层由塑料等其他化学材料组成的塑料薄膜软带。导轨塑料常用聚四氟乙烯导轨软带和环氧耐磨导轨涂层两类。贴塑滑动导轨的特点是摩擦特性好、耐磨性好、运动平稳、减振性好、工艺性好。

2. 滚动导轨

滚动导轨（见图2.24）是在导轨面之间放置滚珠、滚柱、滚针等滚动体，使导轨面之间的滑动摩擦变为滚动摩擦。滚动导轨与滑动导轨相比，其优点是：

① 灵敏度高，且其动摩擦与静摩擦系数相差甚微，因而运动平稳，低速移动时，滚动导轨不易出现爬行现象。

② 定位精度高，重复定位精度可达 0.2 μm。

③ 摩擦阻力小，移动轻便，磨损小，精度保持性好，寿命长。但滚动导轨的抗振性较差，对防护要求较高。

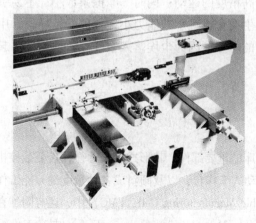

图 2.23　滑动导轨

图 2.24　滚动导轨

滚动导轨特别适用于机床的工作部件要求移动均匀、运动灵敏及定位精度高的场合。这是滚动导轨在数控机床上得到广泛应用的原因。

3. 静压导轨

静压导轨可分为液体静压导轨和气体静压导轨。

液体静压导轨的两导轨工作面之间开有油腔，其中通入具有一定压力的润滑油（液压油）后，润滑油在工作面上可形成静压油膜，使导轨工作面处于纯液体摩擦，不产生磨损，精度保持性好；同时，摩擦系数也极低，使驱动功率大大降低；导轨低速且无爬行，承载能力大，刚度好；此外，油液有吸振作用，抗振性好。其缺点是结构复杂，要有供油系统，油的清洁度要求高。静压导轨在机床上得到日益广泛的应用。液体静压导轨可分为开式和闭式两大类。如图 2.25 所示为开式静压导轨的工作原理。

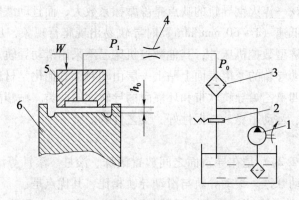

1—液压油；2—溢流阀；3—过滤器；
4—节流器；5—运动导轨；6—床身导轨。

图 2.25 开式静压导轨的工作原理

在气体静压导轨的两导轨工作面之间通入具有一定压力的气体后，气体在工作面上可形成静压气膜，使两导轨面均匀分离，从而得到高精度的运动；同时，摩擦系数小，不易引起发热变形，但随气体压力波动，静压气膜会发生变化，且承载能力小，气体静压导轨常用于负载不大的场合。此外，我们必须注意导轨面的防尘，因为尘埃落入空气导轨面内会引起导轨面的损伤。

2.5 数控机床的工作台

工作台主要用于加工时安装工件，是数控机床的重要部件，其形式、尺寸往往表征数控机床的规格和性能。工作台主要有矩形、回转式、摆动式工作台，以及倾斜成各种角度的万能工作台等。此外，数控机床组成的柔性制造单元（Flexible Manufacturing Cell，FMC）中，还有附加在数控机床上的交换工作台，在柔性制造系统（Flexible Manufacturing System，FMS）中有工件缓冲台、工件上下料台、工件运输台等。如图 2.26 所示为数控机床工作台的各种形式举例。

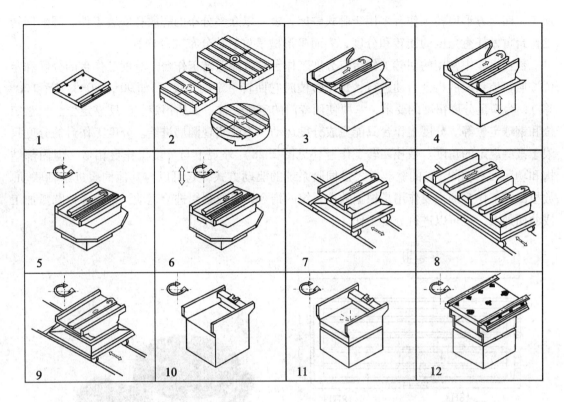

1—工作台；2—回转工作台；3—带过桥和传送的上下料台；4—带过桥、传送和升降的上下料台；

5—带过桥、传送和可转270°的上下料台；6—带过桥、传送和可转270°和升降的上下料台；

7—带过桥、传送的简单运输台；8—带过桥、运输的双运输台；9—带过桥、运输和可转270°的简单运输台；

10—缓冲工作台；11—可分度4×90°的缓冲工作台；12—带分度和夹紧装置的缓冲工作台。

图 2.26　数控机床工作台的各种形式举例

2.5.1　工作台

一般所谓的工作台完成直线运动，是不会转动的，形状多为矩形，如图 2.27 所示。第 1、2、4 槽为装夹用 T 形槽，第 3 槽为基准 T 形槽，滚珠丝杠螺母副中的螺母与工作台相连接，带动其实现直线进给运动。数控机床中矩形工作台使用得最多，它以表面上的 T 形槽与工件、附件等连接。

2.5.2　回转工作台

为了扩大数控机床的加工范围，适应某些零件加工的需要，数控机床的进给运动，除了 X、Y、Z 三个坐标轴的直线进给运动外，还需要绕 X、Y、Z 三个轴的 A、B、C 旋转轴的圆周进给运动。数控机床的圆周进给运动，可由数控回转工作台来实现。

回转工作台已成为数控铣床、数控镗床、加工中心等数控机床不可缺少的重要部件，其作用是按照数控系统的指令做回转分度运动或连续回转进给运动，以使数控机床完成指定的加工工序。方形回转工作台多用于卧式铣床，表面以众多分布的螺纹孔安装工件。圆形回转工作台可做任意角度的回转和分度，表面 T 形槽呈放射状分布（径向）。

数控机床中常用的回转工作台有分度工作台和数控回转工作台。分度工作台的分度和定位按照数控系统的指令自动进行，每次转位时它回转一定的角度（如 90°、60°、45° 和 30° 等），为满足分度精度的要求，它要使用专门的定位元件，如插销定位、反靠定位、尺盘定位和钢球定位等。分度工作台只能完成分度运动，不能实现圆周进给。分度工作台的分度只限于某些规定的角度。数控回转工作台（见图 2.28）外观上与分度工作台相似，但内部结构和功用大不相同。它的驱动方式是伺服系统的驱动方式，它可以与其他伺服进给轴联动。数控回转工作台的主要作用是根据数控系统的指令，完成圆周进给运动，进行各种圆弧加工或曲面加工，也可以进行分度工作。

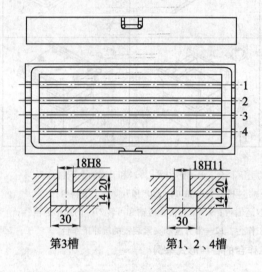

图 2.27　矩形工作台

图 2.28　数控回转工作台

2.5.3　摆动工作台

四轴、五轴联动加工中心的 A 轴、B 轴的摆动进给运动可以由摆动工作台（见图 2.29）来实现。摇臂式摆动工作台可以在数控摇臂之间在一定角度范围内进行摆动运动。如图 2.30 所示为配置了回转/摆动工作台的加工中心，适合在摆动过程中五坐标联动加工（如宇航工业一类）的需要大量切削的复杂形状的整体零件。

2.5.4　直接驱动的回转工作台

直接驱动的回转工作台是伺服驱动电动机与回转工作台的集成，它具有减少传动环节、简化机床结构等优点。例如，德国 Metrom 公司生产的 P800M 型高速五面加工数控机床，如果采用直接驱动的回转工作台，不仅可以起到冗余数控轴的作用，还可以使高速铣床成为高速车、铣复合加工机床，完成车、镗等加工工序。直接驱动的回转工作台的外观和结构如图 2.31 所示。

图 2.29　摆动工作台

图 2.30　配置了回转/摆动工作台的加工中心

(a)

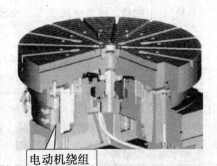

(b)

图 2.31　直接驱动的回转工作台的外观和结构

(a) 外观；(b) 结构

2.6　数控机床的位置检测装置

在闭环数控系统中，必须利用位置检测装置把机床运动部件的实际位移量随时检测出来，与给定的控制值（指令信号）进行比较，从而控制驱动元件准确运转，使工作台（或刀具）按规定的轨迹和坐标移动。因此，位置检测装置是数控机床的关键部件之一，它的精度直接影响数控机床的定位精度和加工精度。为此，数控机床对位置检测装置提出如下要求：

① 高可靠性和高抗干扰性。

② 满足精度和速度要求。

③ 使用、维护方便，适合机床的运行环境。

④ 成本低，寿命长。

因工作条件和检测要求不同，不同类型的数控机床可以采用不同的检测方式。

2.6.1 检测装置的分类

数控系统中的检测装置分为位移传感器、速度传感器和电流传感器3种类型。根据安装的位置及耦合方式，检测装置可分为直接测量和间接测量两种；按测量方法，检测装置可分为增量式和绝对式两种；按检测信号的类型，检测装置可分为模拟式和数字式两大类；根据运动形式，检测装置可分为回转型和直线型检测装置；按信号转换的原理，检测装置可分为光电效应、光栅效应、电磁感应原理、压电效应、压阻效应和磁阻效应等检测装置。数控机床检测装置的分类见表2.1。

表 2.1 数控机床检测装置的分类

分 类		增 量 式	绝 对 式
位移传感器	回转型	脉冲编码器、自整角机、旋转编码器、圆感应同步器、光栅角度传感器、圆光栅、圆磁栅	多极旋转变压器、绝对脉冲编码器、绝对值式光栅、三速圆感应同步器、磁阻式多极旋转变压器
	直线型	直线感应同步器、光栅尺、磁栅尺、激光干涉仪、霍尔传感器	三速感应同步器、绝对值磁尺、光电编码尺、磁性编码器
速度传感器		交流、直流测速发电机，数字脉冲编码式速度传感器，霍尔速度传感器	速度—角度传感器、数字电磁式速度传感器、磁敏式速度传感器
电流传感器		霍尔电流传感器	略

数控机床伺服系统中采用的位置检测装置基本分为直线型和回转型两大类。直线型位置检测装置主要用来检测运动部件的直线位移量；回转型位置检测装置主要用来检测回转部件的转动位移量。常用的位置检测装置如图2.32所示。

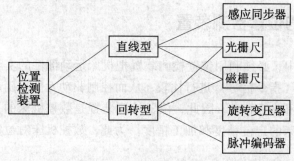

图 2.32 常用的位置检测装置

除以上位置检测装置以外，伺服系统中往往还有检测速度的元件，用以检测和调节电动机的转速。常用的测速元件是测速发动机。

2.6.2　光　栅

光栅分为物理光栅和计量光栅。物理光栅的刻线细密，它主要用于光谱分析和光波波长的测定。与物理光栅比较而言，计量光栅刻线较粗，但栅距也较小，一般为 0.004 ~ 0.25 mm，它主要用于数字检测系统。光栅传感器为动态测量元件，按运动方式可分为长光栅和圆光栅。长光栅（见图 2.33）主要用来测量直线位移；圆光栅（见图 2.34）主要用来测量角度位移。根据光线在光栅中的运动路径，光栅可分为透射光栅和反射光栅。一般光栅传感器都是做成增量式的，也可以做成绝对式的。目前，光栅传感器主要应用在高精度数控机床的伺服系统中，其精度仅次于激光式测量。

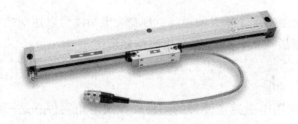

图 2.33　长光栅　　　　　　　　　　　　图 2.34　圆光栅

长光栅检测装置（直线光栅传感器）是由标尺光栅和光栅读数头两部分组成的。标尺光栅一般固定在机床活动部件上（如工作台上），光栅读数头装在机床固定部件上。当光栅读数头相对于标尺光栅移动时，指示光栅便在标尺光栅上相对移动。标尺光栅和指示光栅的平行度以及两者之间的间隙要严格保证大小（0.05 ~ 0.1 mm）。如图 2.35 所示为光栅检测装置的结构。

标尺光栅和指示光栅通称为光栅尺，它们是在真空镀膜的玻璃片或长条形金属镜面上光刻出均匀密集的线纹。光栅的线纹相互平行，线纹之间的距离称为栅距。对于圆光栅，这些线纹是圆心角相等的向心条纹。两条向心条纹线之间的夹角称为栅距角。栅距和栅距角是光栅的重要参数。对于长光栅，金属反射光栅的线纹密度为每 1 mm 有 25 ~ 50 条线纹；玻璃透射光栅的线纹密度为每 1 mm 有 100 ~ 250 条线纹。对于圆光栅，一周内刻有 10 800 条线纹（圆光栅直径为 ϕ 270 mm，360 进制）。

光栅读数头又称光电转换器，它把光栅莫尔条纹变为电信号。如图 2.36 所示为垂直入射的光栅读数头。光栅读数头由光源、透镜、指示光栅、光敏元件和驱动线路组成。图中的标尺光栅不属于光栅读数头，但它要穿过光栅读数头，且保证与指示光栅有准确的相互位置关系。光栅读数头有分光读数头、反射读数头和镜像读数头等几种。

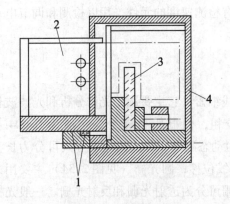

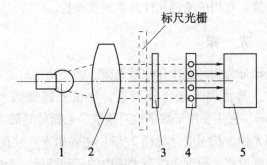

1—防护垫；2—光栅读数头；
3—标尺光栅；4—防护罩。
图 2.35　光栅检测装置的结构

1—光源；2—透镜；3—指示光栅；
4—光敏元件；5—驱动线路。
图 2.36　垂直入射的光栅读数头

由于激光技术的发展，光栅制作的精度得到了很大的提高，现在光栅精度可以达到微米级，甚至亚微米级，再通过细分电路可以做到 0.1 μm，甚至更高的分辨率。

2.6.3　旋转变压器

旋转变压器（又称同步分解器）是利用电磁感应原理的一种模拟式测角器件，是一种旋转式的小型交流电动机，在结构上与二相绕线式异步电动机相似，由定子和转子组成，分有刷和无刷两种。旋转变压器的特点是坚固、耐热、耐冲击、抗干扰、成本低，是数控系统中较为常用的位置传感器。

在有刷旋转变压器中（见图 2.37），定子和转子上均有两相交流分布绕组。两相绕组轴线相互垂直，转子绕组的端点通过电刷和滑环引出。其特点是结构简单，体积小，但因电刷与滑环是机械滑动接触的，所以可靠性差，寿命也较短。

无刷旋转变压器没有电刷与滑环，由分解器和变压器两部分组成。这种结构避免了电刷与滑环之间接触不良所造成的影响，提高了旋转变压器的可靠性及使用寿命。如图 2.38 所示是无刷旋转变压器的结构，左边为分解器，右边为变压器。分解器的结构与有刷旋转变压器基本相同。变压器的一次绕组绕在与分解器转子固定在一起的线轴（高导磁材料）上，与转子一起转动；二次绕组绕在与转子同心的定子轴线（高导磁材料）上。分解器的定子线圈接外加的激磁电压，激励频率通常为 400 Hz、500 Hz、1 000 Hz、5 000 Hz；转子线圈的输出信号接到变压器的一次绕组，从变压器的二次绕组引出最后的输出信号。分解器结构简单，动作灵敏，对环境无特殊要求，维护方便，可靠性高，抗干扰能力强，寿命长，输出信号的幅度大，但其体积、质量、成本均有所增加。

常见的旋转变压器一般有两极绕组和四极绕组两种结构形式。两极绕组旋转变压器的定子和转子各有一对磁极，四极绕组旋转变压器的定子和转子则各有两对磁极，其主要用于高精度的检测系统。除此之外，还有多极式旋转变压器，主要用于高精密绝对式检测系统。

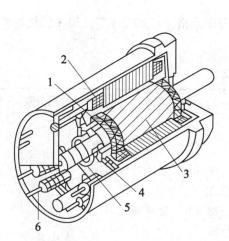

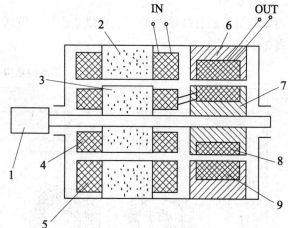

1—转子绕组；2—定子绕组；3—转子；
4—整流子；5—电刷；6—接线柱。

图 2.37　有刷旋转变压器

1—转子轴；2—分解器定子；3—分解器转子；4—分解器转子线圈；
5—分解器定子线圈；6—变压器定子；7—变压器转子；
8—变压器一次线圈；9—变压器二次线圈。

图 2.38　无刷旋转变压器的结构

2.7　数控机床的自动换刀装置

　　为进一步提高数控机床的加工效率，数控机床正向着工件在一台机床一次装夹就可完成多道工序或全部工序加工的方向发展，各种类型的加工中心出现，如车削中心、镗铣加工中心、钻削中心等。这类多工序加工的数控机床在加工中使用多种刀具，因此，数控机床必须有自动换刀装置（ATC），以便选用不同刀具，完成不同工序的加工工艺。自动换刀装置应当具备换刀时间短，刀具重复定位精度高，足够的刀具储备量，占地面积小，安全可靠等特性。

2.7.1　刀　库

　　刀库是自动换刀装置中最主要的部件之一，其容量、布局及具体结构对数控机床的总体设计有很大的影响。

　　1. 刀库容量

　　刀库容量是指刀库存放刀具的数量，一般根据加工工艺要求而定。刀库容量小，不能满足加工需要；容量过大，会使刀库尺寸大，占地面积大，选刀过程时间长，且刀库利用率低，结构过于复杂，造成很大浪费。刀库的储存量一般为 8 ~ 64 把，多的可达 100 ~ 200 把。

　　一般的中小型立式加工中心配有 14 ~ 30 把刀具，其刀库就能够满足 70% ~ 95% 的工件加工需要。

2. 刀库类型

刀库类型一般有鼓轮式刀库、直线式刀库、链式刀库及格子箱式刀库等。刀库的结构类型见表2.2。

表2.2　刀库的结构类型

类型		简图	特点	适用范围
鼓轮式刀库	单鼓轮式刀库	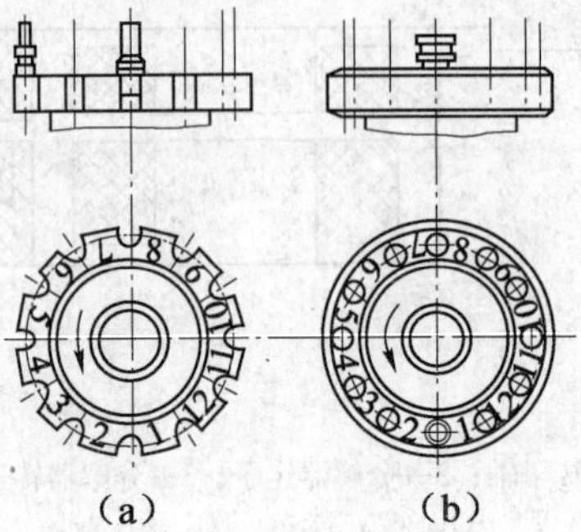 刀具、鼓轮轴线平行 （a）　（b）	图（a）为径向取刀形式； 图（b）为轴向取刀形式	结构简单紧凑，应用较多，但因刀具单环排列，空间利用率低，大容量刀库的外径较大，转动惯量大，选刀过程时间长，因此，适用于刀库容量较小的场合（一般刀具不多于32把）
		刀具、鼓轮轴线垂直	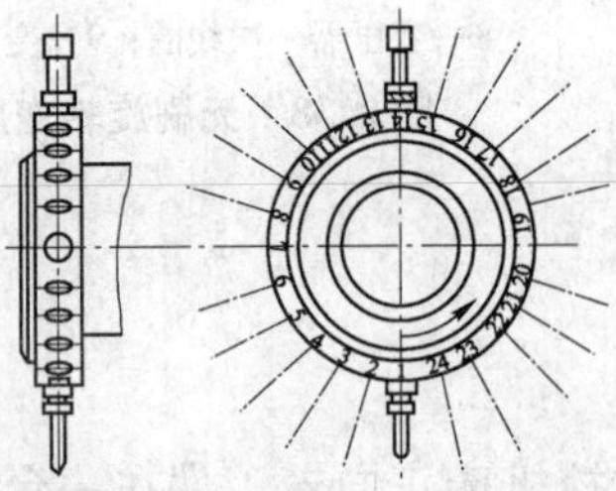 占地面积大，刀库位置受限制，换刀时间较短，整个换刀装置较简单	
		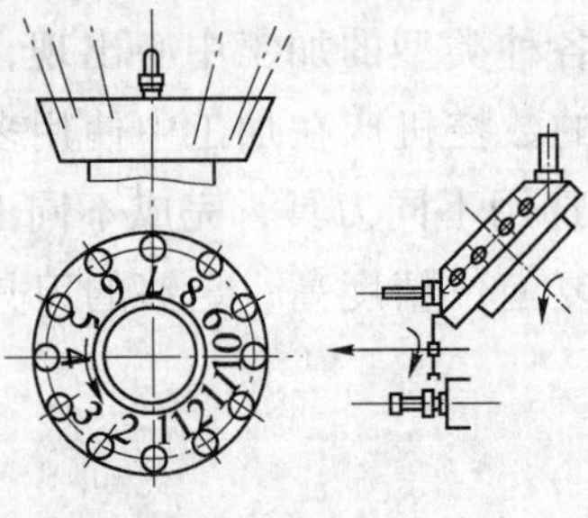 刀具、鼓轮轴线成锐角 （a）　（b）	（1）可根据机床的总体布局要求安排刀库的位置； （2）刀库容量不宜过大	
		刀具在鼓轮端面上呈环形排列	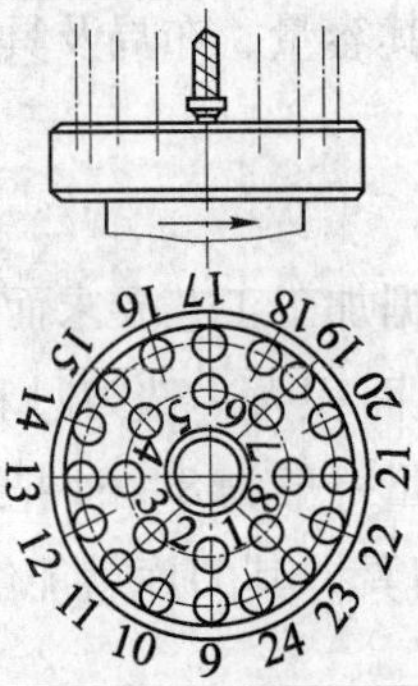 （1）刀库空间利用率较高； （2）装、取刀机构较复杂	适用于机床空间有限制而刀库容量又较大的场合

42

续表

类型		简　图	特　点	适用范围
鼓轮式刀库	单鼓轮式刀库	刀具在鼓轮上呈多环排列 1—取、装刀运动机构； 2—取、装刀滑块。	（1）刀库空间利用率更高； （2）取刀机构更复杂； （3）刀库除有回转运动外，装刀的滑块还须有直线运动，以便把选中的刀具送至固定的换刀位置	适用于大容量刀库（一般刀具为60把以上）
		鼓轮弹夹式 	（1）结构紧凑，空间利用率高； （2）结构与控制装置较复杂； （3）转动惯量较大，换刀运动较复杂	可将刀库置于机床立柱顶部，适用于刀库容量较大的场合
	多鼓轮式刀库	双鼓式 主轴	（1）刀库结构简单； （2）两个刀库分别配置在机床主轴两侧，使机床总布局比较紧凑	适用于中小型加工中心
		重叠双鼓式 	（1）上刀库为小型刀具刀库（储存钻、镗、铰刀等）； （2）下刀库为大型刀具刀库（储存大型铣刀）； （3）刀库结构较复杂； （4）轻、重型刀具分别安置在各自适当的位置，使刀库得到充分利用	适用于双主轴的大型加工中心

类型		简　图	特　点	适用范围
直线式刀库		主轴位置	（1）结构较简单； （2）刀库容量小，一般刀具为十几把	多用于自动换刀数控车床，在钻床上也有应用
链式刀库	多环链式		（1）刀库容量较大； （2）对于同样容量的刀库，采用多环链式可使刀库外形紧凑（与单环链式比较）； （3）所占空间小，刀具识别装置所用元件少，选刀过程时间较短； （4）轴向取刀，位置精度较低	适用于刀库容量较大的场合（在增加储存刀具数目时，可以增加链条长度，而不增加链轮直径，因此，链轮的圆周速度可不增加，刀库的运动惯量不像鼓轮式刀库增加得那样多）。 　链式刀库还有多种不同环形的单环链式刀库
格子箱式刀库	单面格子箱式		（1）结构紧凑； （2）刀库空间利用率高； （3）换刀时间较长； （4）小直径刀具为轴向取刀，大直径刀具为径向取刀	布局不灵活，刀库通常安置在工作台上，应用较少
	多面格子箱式		（1）刀库容量大； （2）辅助装置较复杂	用在需要刀库容量大的机床上，可根据需要在机床使用刀库一侧的刀座板时，更换其另一侧的刀座板

3. 选刀方式

按数控系统的刀具选择指令，从刀库中挑选各工序所需刀具的操作称为自动选刀。常见的选刀方式有顺序选刀方式和任意选刀方式两种。

顺序选刀方式是在加工前将加工所需刀具依工艺次序插入刀库刀套中，顺序不能有差错，加工时按顺序调刀。工件变更时，需重调刀具顺序，操作烦琐，而且加工同一工件时刀具不能重复使用。因此，刀具数量的增加，降低了刀具和刀库的利用率，但该种方式的控制以及刀库运动等则比较简单。

任意选刀方式是预先把刀库中每把刀具（或刀座）都编上代码，按照编码选刀，刀具在刀库中不必按工件的加工顺序排列，在加工过程中刀具可以重复使用。任意选刀方式有刀具编码方式、刀座编码方式和计算机记忆方式等。

2.7.2 数控车床的自动换刀装置

数控车床的自动换刀装置主要采用回转刀盘，每盘上安装有 8 ~ 12 把刀具。有的车床有两个刀盘，可进行四坐标控制。少数数控车床具有刀库形式的自动换刀装置。表 2.3 所列为数控车床常用的几种自动换刀装置。

表 2.3　数控车床常用的几种自动换刀装置

序号	简　图	特　点
1		这是在一个刀架上的回转刀盘，刀具与主轴中心平行安装，回转刀盘既有回转运动实现换刀，又有纵向进给运动 $f_{纵}$ 和横向进给运动 $f_{横}$
2		这是一个刀盘中心线相对主轴线倾斜的回转刀盘，刀盘上有 6 ~ 8 个刀位，每个刀位上可装 2 把刀具，可用于加工外圆和内孔
3		此装置装有 2 个回转刀盘，刀盘 1 的回转中心与主轴中心平行，用于加工外圆；刀盘 2 的回转中心与主轴中心垂直，用于加工内表面

续表

序号	简　图	特　　点
4	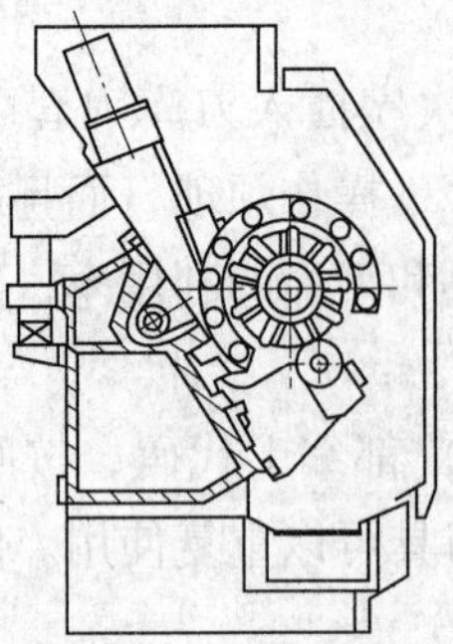	刀架上有两个同轴心的刀盘，回转中心与零件的中心平行，外刀盘装的刀具用于加工外圆，内刀盘装的刀具用于加工内孔
5	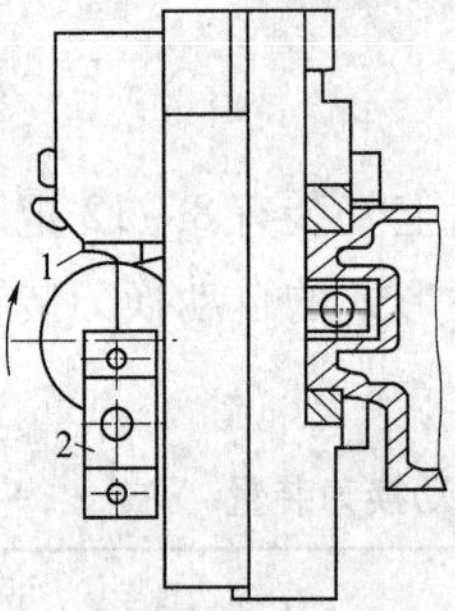	这是具有垂直导轨的数控车床，装有两个回转刀盘，布局形式与本表序号 3 中的刀盘相似
6	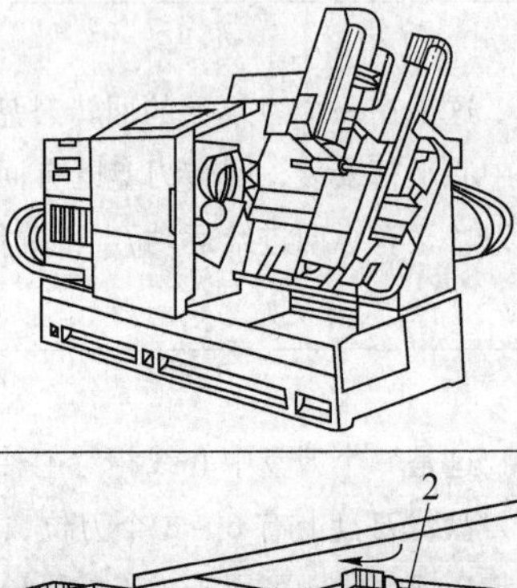	这是装有刀库的数控车床，刀库可以是回转式或链式，其通过机械手来更换刀具
7	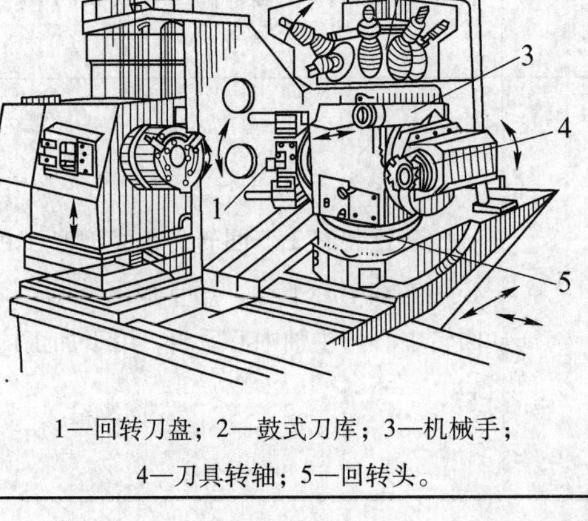 1—回转刀盘；2—鼓式刀库；3—机械手；4—刀具转轴；5—回转头。	这是带有鼓轮式刀库的车削加工中心。图中 1 为回转刀盘，上面可装多把刀具；2 是鼓式刀库，可装 6~8 把刀具；3 是机械手，可将刀库中的刀具更换到刀具转轴上；4 是刀具转轴，可由动力驱动回转来进行铣削加工；5 是回转头，可变换采用回转刀盘 1 或刀具转轴 4 进行加工。 车削加工中心可车削外圆、螺纹，以及铣平面和键槽

2.7.3 加工中心的自动换刀装置及刀库类型

加工中心常见的换刀装置有转塔式、刀库式、成套更换方式等换刀装置。转塔式换刀装置可分为垂直转塔式和水平转塔式换刀装置;刀库式换刀装置按有无机械手可分为无机械手换刀方式、机械手换刀方式、机械手和刀具运送器等换刀装置;成套更换方式换刀装置可分为更换转塔头、更换主轴箱、更换刀库等换刀装置。加工中心常见的换刀装置见表2.4。

表 2.4 加工中心常见的换刀装置

序号	形式	类别	结 构 简 图	特点与应用范围
1	转塔式	垂直转塔式	立式转塔头钻床	(1) 根据驱动方式的不同,转塔式装置的换刀可分为顺序换刀和任意换刀; (2) 结构紧凑、简单; (3) 容纳刀具数量少; (4) 用于钻削加工中心
		水平转塔式	卧式单面转塔头钻床	
2	刀库式	无机械手换刀方式	加工中心	(1) 利用刀库运动与主轴直接换刀,省去机械手; (2) 结构紧凑; (3) 刀库运动较多; (4) 用于小型加工中心

序号	形式	类别	结 构 简 图	特点与应用范围
2	刀库式	机械手换刀方式	机械手换刀加工中心	（1）刀库只做选刀运动，通过机械手换刀； （2）布局灵活，换刀速度快； （3）用于各种加工中心
		机械手和刀具运送器	刀库在顶端的加工中心	（1）刀库距机床主轴较远时，用刀具运送器将刀具送至机械手； （2）结构复杂； （3）用于大型加工中心
3	成套更换方式	更换转塔头	转塔－刀库式加工中心	（1）利用更换转塔头增加换刀数目； （2）换刀时间基本不变； （3）用于扩大工艺范围的钻削中心

序号	形式	类别	结 构 简 图	特点与应用范围
3	成套更换方式	更换主轴箱	主轴箱库 储备主轴箱 6 5 4 3 2 工作主轴箱 运输小车1 更换主轴箱的组合机床	（1）利用更换主轴箱，扩大了组合机床的加工工艺范围； （2）结构比较复杂； （3）用于扩大柔性的组合机床
		更换刀库	刀库 主轴 刀具 换刀机械手 换刀动作 带自动更换刀库装置的加工中心	（1）扩大加工工艺范围，可以更换刀库，另有刀库存储器； （2）充分提高机床利用率和自动化程度； （3）扩大加工中心的加工工艺范围，一般用于加工复杂零件且需刀具很多的加工中心或组成高度自动化的生产系统

2.8 数控机床的辅助装置

2.8.1 液压和气压装置

液压和气压装置用压力油或加压空气作为传递能量的载体实现传动与控制，它们不仅可

49

以传递动力和运动，而且可以控制机械运动的程序和参量，因此它们被广泛应用于数控设备中。

由于液压传动装置使用工作压力高的油性介质，因此，机构输出力大，机械结构紧凑，动作平稳可靠，易于调节和噪声较小，但它需要配置液压泵和油箱，当油液渗漏时会污染环境。气压传动装置的气源容易获得，机床可以不必再单独配置动力源，装置结构简单，工作介质不污染环境，工作速度快和动作频率高，适合于完成频繁启动的辅助工作；空气黏度小，在管路中的能量损失小，它适合于远程传输及控制；过载时比较安全，不易发生过载而损坏机件等事故。表2.5列出了液压和气压传动与其他传动的性能比较，由此可以看出其传动的具体性能。

表 2.5 液压和气压传动与其他传动的性能比较

类型	操作力	动作快慢	环境要求	构造	负数影响	操作距离	无级调速	寿命	维护要求	价格
液压	最大	较慢	不怕振动	复杂	有一些	短	良好	一般	高	稍贵
气压	中等	较快	适应性好	简单	较大	中	较好	长	一般	便宜
电气	中等	快	要求高	稍复杂	几乎没有	远	良好	较短	较高	稍贵
电子	最小	最快	要求特高	最复杂	没有	远	良好	短	更高	最贵
机械	较大	一般	一般	一般	没有	短	较困难	一般	简单	一般

1. 液压和气压装置的作用

液压和气压装置在数控机床中具有如下辅助作用：

① 自动换刀所需的动作，如机械手的伸、缩、回转和摆动及刀具的松开和拉紧动作。

② 机床运动部件的平衡，如机床主轴箱的重力平衡、刀库机械手的平衡装置等。

③ 机床运动部件的制动和离合器的控制，齿轮拨叉挂挡等。

④ 机床的润滑和冷却。

⑤ 机床防护罩、板、门的自动开关。

⑥ 工作台的松开夹紧，交换工作台的自动交换动作。

⑦ 夹具的自动松开、夹紧。

⑧ 工件、工具定位面和交换工作台的自动吹屑、清理定位基面等。

2. 液压与气压传动系统的构成

液压与气压传动系统一般由以下5部分组成。

（1）动力装置

动力装置是将原动机的机械能转换成传动介质压力能的装置。它是系统的动力源，用以提供一定流量或一定压力的液体或压缩空气。常见的动力装置有液压泵、空气压缩机等。

（2）执行装置

执行装置用于连接工作部件，将工作介质的压力能转换为工作部件的机械能，常见的执行装置有进行直线运动的动力缸（包括液压缸和气缸）、进行回转运动的液压马达和气压马达。

（3）控制与调节装置

控制与调节装置是指用于控制、调节系统中工作介质的压力、流量和流动方向，从而控制执行元件的作用力、运动速度和运动方向的装置，同时它也可以用来卸载，实现过载保护等。按照功能的不同，控制与调节装置可分为压力阀、流量阀、行程阀和逻辑元件等。

（4）辅助装置

辅助装置是指对工作介质起到容纳、净化、润滑、消声和实现元件之间连接等作用的装置，如油箱、管件、过滤器、分水过滤器、冷却器、油雾器、消声器等。它们对保护系统稳定、可靠工作是不可缺少的。

（5）传动介质

传动介质是用来传递动力和运动的工作介质，即液压油或压缩空气，是能量的载体。

2.8.2 自动排屑装置

为了数控机床的自动加工能够顺利进行和减少数控机床的发热，数控机床应具有合适的排屑系统，如图 2.39 所示。数控车床的切屑往往混合着切削液，排屑装置应从其中分离出切屑，并将它们送入切屑收集箱内，而切削液则被回收到切削液箱。

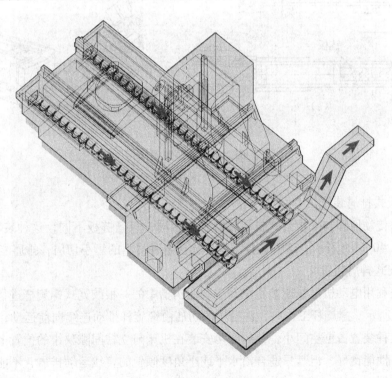

图 2.39 数控机床的排屑系统

常见的排屑装置有以下几种：

（1）平板链式排屑装置

该装置以滚动链轮牵引钢质平板链带在封闭箱中运转，加工中的切屑落到链带上，经过提升，将废屑中的切削液分离出来，切屑排出机床，落入切屑收集箱。这种装置能排出各种形状的切屑，适应性强，各类机床都能采用，如图2.40（a）所示。在数控车床上使用时，其多数与机床切削液箱合为一体，以简化机床结构。

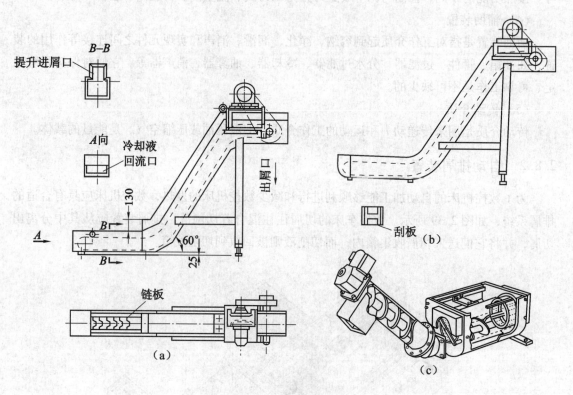

图2.40 排屑装置

（a）平板链式；（b）刮板式；（c）螺旋式

（2）刮板式排屑装置

该装置的传动原理与平板链式排屑装置基本相同，只是链板不同，这种装置带有刮板、链板，如图2.40（b）所示。这种装置常用于输送各种材料的短小切屑，排屑能力较强。

（3）螺旋式排屑装置

该装置是利用电动机经减速装置驱动安装在沟槽中的一根绞笼式螺旋杆进行工作的，如图2.40（c）所示。螺旋杆工作时，沟槽中的切屑由螺旋杆推动连续向前运动，最终排入切屑收集箱。这种装置占据空间小，使用时可安装在机床与立柱间隙狭小的位置上。螺旋槽排屑结构简单、性能良好，但其只适合沿水平或小角度倾斜的直线运动排屑，不能大角度倾斜提升和转向排屑。

　　排屑装置的安装位置一般应尽可能地靠近刀具切削区域。车床的排屑装置安装在旋转工件的下方，以利用简化机床和排屑装置结构，减小机床占地面积，提高排屑效率。排出的切屑一般都落入切屑收集箱或小车中，有的切屑直接排入车间排屑系统。

2.8.3　工件自动交换系统

　　在采用自动换刀装置后，数控加工的辅助时间主要用于工件安装及调整，为了进一步提高生产率，我们必须设法减少工件的安装和调整时间，下面将介绍几种常用的工件自动交换系统。

1. 托盘交换装置

　　在柔性制造系统（FMS）中，工件一般都是用夹具定位夹紧的，而夹具被安装在托盘上，当工件在机床上加工时，托盘支承着工件完成加工任务；当工件输送时，托盘又承载着工件和夹具在机床之间进行传送。从某种意义上说，托盘既是工件承载体，也是各加工单元间的硬件接口。因此，在 FMS 中，不论机床各自形式如何，都必须采用这种统一的接口，以使所有加工单元连接成为一个整体。这就要求 FMS 中的所有托盘都必须采用统一的结构形式。托盘的结构形状一般类似于加工中心的工作台，通常为正方形结构，带有大倒角的棱边和 T 形槽，以及用于夹具定位和夹紧的凸榫。

　　在加工中心的基础上配置更多（5 个以上）的托盘，可组成环形回转式托盘库（APC），称为柔性制造单元（FMC），如图 2.41 所示。托盘支承在圆柱环形导轨上，由内侧的环链拖动而回转，链轮由电动机驱动。托盘的选定和停止位置由可编程控制器进行控制，借助终端开关、光电识别器来实现。精密的托盘交换定位精度要求极高，一般可达到 ±0.005 mm。更多的托盘交换系统是采用液压驱动，由滚动导轨导向，接近开关或组合开关作为定位信号。托盘系统一般都具有存储、运送功能，自动检测功能，工件、刀具归类功能，切削状态监视功能等。托盘的交换是由设在环形交换系统中的液压或电动推拉机构来实现的。这种交换是指在加工中心上加工的托盘与托盘系统中备用托盘的交换。

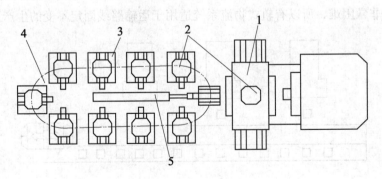

1—加工中心的机床；2—托盘；3—托盘座；

4—环形工作台；5—托盘交换装置。

图 2.41　柔性制造单元

如图 2.42 所示为由工业机器人和数控（NC）机床组成的 FMC，它在小型零件加工中应用十分方便。工业机器人从工件台架上将待加工工件搬运到数控机床上，并将已加工完的工件运离数控机床。

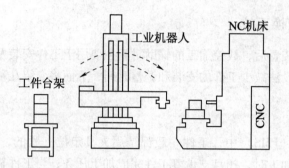

2.42　由工业机器人和数控（NC）机床组成的 FMC

2. 自动运输小车

当由多台机床组成柔性生产线时，工件在它们间的传送方式有有轨小车（Rail Guided Vehicle，RGV）和无轨小车（Automatic Guided Vehicle，AGV）两种方式。

如图 2.43 所示为有轨式物流系统，这种物料运送方式多数为直线导轨，机床和加工设备在导轨一侧，随行工作台或托盘在导轨的另一侧。RGV 的驱动装置采用直流或交流伺服电动机，通过电缆向其供电，并提供其与系统中央计算机的通信。当 RGV 到达指定位置时，识别装置向控制器发出停车信号，使小车停靠在指定位置，由小车上的液压装置来完成托盘和工件的自动交换，即将托盘台架或机床上的托盘或随行夹具拉上小车，或将小车上的托盘或随行夹具送给托盘台架或机床。RGV 可以由系统的中央控制器从外部启动和控制，也可由小车本身所装备的控制站离线控制。这种 RGV 适用于运送尺寸和质量都比较大的工件和托盘，而且行驶速度快，减速点和准停点一般均由诸如光电装置、接近开关或限位开关等传感器来识别。这种方式的物流控制较简单，成本低廉，但铁轨一旦铺成后，便成为固定装置，改变路线非常困难，所以有轨式物流系统适用于运输路线固定不变的生产系统。

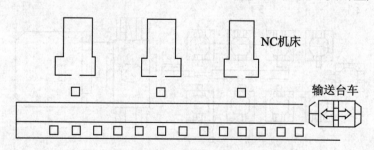

图 2.43　有轨式物流系统

无轨小车是一种无人运输小车，适用于机床的品种和台数较多、加工工序较复杂、要求系统柔性较大的场合。AGV 的行驶路线在总体设计阶段要进行多方案比较和论证。这种方式是在地下 10～20 mm 处埋一条宽 3～10 mm 的电缆，工作可靠，不怕尘土污染，制导电缆埋在地沟内不易遭到破坏，其适宜于一般工业环境，投资费用较低。

练习题

1. 数控机床的机械结构主要由哪几部分组成？

2. 数控机床的机械结构有哪些特点？

3. 数控机床的主传动系统有哪些特点？

4. 主轴为何需要准停？如何实现准停？准停装置有哪些类型？

5. 数控机床对进给传动系统机械传动部件有什么要求？

6. 进给系统为什么要采用传动齿轮副？消除齿轮传动间隙的常用方法有哪些？

7. 滚珠丝杠螺母副的工作原理及特点是什么？何谓内循环方式和外循环方式？

8. 数控机床的刀库类型有哪些？

9. 数控回转工作台的功用如何？与分度工作台有何区别？

10. 数控机床为什么需要专设排屑装置？目的是什么？

模拟自测题

1. 填空题

（1）数控机床的机械部分一般由主传动系统、_____、基础支承件、辅助装置组成。

（2）数控机床高速主轴单元的类型主要有_____、气动主轴、水动主轴等。

（3）滚珠丝杠螺母副运动具有可逆性，不能自锁，立式使用时应增加_____装置。

（4）为防止系统快速响应特性变差，在传动系统的各个环节，包括滚珠丝杠、轴承、齿轮、蜗轮蜗杆，以及联轴器和键联接，它们都必须采取相应的_____措施。

（5）数控机床的主轴箱或滑枕等部件，可采用_____装置来平衡载荷，以补偿部件引起的静力变形。

（6）数控机床床身采用钢板_____，既可以增加静刚度，减小结构质量，又可以增加构件本身的阻尼。

（7）_____是伺服驱动电动机与回转工作台的集成，它具有减少传动环节、简化机床结构等优点。

（8）_____装置的精度直接影响闭环控制数控机床的定位精度和加工精度。

（9）自动换刀的选刀方式常见的有_____和任意选刀两种。

（10）在加工中心的基础上配置更多（5 个以上）的托盘，可组成环形回转式托盘库，称为_____。

2. 选择题

（1）数控加工中心的主轴部件上设有准停装置，其作用是（   ）。

    A. 提高加工精度

B. 提高机床精度

C. 保证自动换刀，提高刀具重复定位精度，满足一些特殊工艺要求

（2）滚珠丝杠预紧的目的是（　　）。

A. 增加阻尼比，提高抗振性

B. 提高运动平稳性

C. 消除轴向间隙和提高传动刚度

D. 加大摩擦力，使系统能自锁

（3）数控机床进给系统采用传动齿轮副时，为了提高传动精度，应该有消除（　　）的措施。

A. 齿轮轴向间隙

B. 齿顶间隙

C. 齿侧间隙

D. 齿根间隙

（4）静压导轨与滚动导轨相比，其抗振性（　　）。

A. 前者优于后者

B. 后者优于前者

C. 两者一样

（5）光栅利用（　　），使得它能够测得比栅距还小的位移量。

A. 细分技术

B. 数显表

C. 莫尔条纹的作用

D. 高分辨指示光栅

（6）在采用ATC后，数控加工的辅助时间主要用于（　　）。

A. 工件安装及调整

B. 刀具装夹及调整

C. 刀库的调整

（7）在下列特点中，（　　）不是数控机床主传动系统具有的特点。

A. 转速高、功率大

B. 变速范围窄

C. 主轴变换迅速、可靠

D. 主轴组件的耐磨性高

3. 判断题

（1）数控气压装置因空气黏度小，在管路中的能量损失小，故适合于远程传输及控制。

（　　）

（2）数控铣床的立柱采用热对称结构可以减少热变形对加工件的精度影响。（　　）

（3）滚珠丝杠螺母副的作用是将回转运动转换为直线运动。（　　）

（4）数控机床主传动系统的作用是产生不同的主轴切削速度，以满足不同的加工条件要求。

（　　）

（5）数控机床传动丝杠的反方向间隙是不能补偿的。（　　）

（6）进给运动是以保证刀具的相对位置关系为目的的。（　　）

（7）滚珠丝杠的传动间隙主要是径向间隙。（　　）

4. 简答题

（1）数控机床的机械结构应具有良好的特性，主要包括哪些方面？

（2）数控机床的主轴变速方式有哪几种？试述其特点及应用场合。

（3）试述滚珠丝杠螺母副的特点。它是如何工作的？常用的间隙调整方法有哪些？

（4）自动排屑装置有哪几种类型？各适合什么场合？

（5）数控机床的工作台有哪些形式？各自的特点是什么？

（6）数控机床的主传动方式有哪些？各有何特点？

（7）数控机床对自动换刀装置有什么样的要求？自动换刀装置有哪些种类？

（8）数控机床的导轨有什么作用？有哪些类型？各自的特点是什么？

（9）简述数控机床液压和气压装置的特点。

（10）无刷旋转变压器和有刷旋转变压器在结构上有什么不同？各自的优缺点有哪些？

3 数控机床电气控制系统

学习目标

1. 掌握数控系统的基本组成，了解其工作原理。
2. 掌握数控系统的特点和功能，了解典型数控系统。
3. 了解数控系统的插补方法。
4. 了解数控机床 PLC 的控制对象、常见类型及与数控系统的连接方式。
5. 掌握数控机床对伺服系统的要求。
6. 了解伺服电动机的选型。

内容提要

本章以数控机床电气控制系统的组成为主线，重点介绍数控机床电气控制系统各组成部分的功能、特点、选用、匹配等问题，对数控插补原理与方法、PLC 的类型与应用等也进行了简单介绍，目的是建立数控机床电气控制系统的整体概念，其对于掌握和学习数控机床有很重要的作用。

3.1 概　　述

数控机床由数控系统控制各个坐标的伺服系统，带动传动系统运动，实现复杂、高精度的轨迹运动，从而完成零件的加工。目前，数控机床已全部采用以微处理器为硬件核心的数控系统，也称为计算机数控（CNC）系统，本章将主要介绍计算机数控系统。

3.1.1 数控系统的组成

数控系统通常由人机界面、数字控制装置以及逻辑控制器 3 个相互依存的功能部件构成，如图 3.1 所示。

人机界面是数控机床操作人员与数控系统进行信息交换的窗口，操作人员可通过人机界面向数控系统发出运动指令，如点动、返回参考点、冷却泵启动等，而数控系统又可通过人机界面向操作人员提供位置信息、程序状态信息和机床的运行状态信息。一台数控系统是否好用，均由人机界面体现出来。现代的数控系统不仅能够通过人机界面提供文字信息，还可以提供图像信息，如加工轨迹的平面或三维线框仿真，三维实体模拟以及图形编程等。

数字控制装置是数控系统的核心，可体现数控系统的控制品质。数字控制包括轨迹运算和位置调节两大主要功能，以及各种相关的控制，如加速度控制、刀具参数补偿、零点偏移、坐标旋转与缩放等。

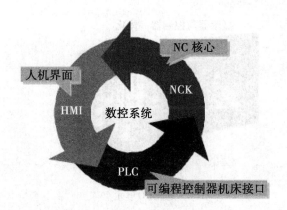

图 3.1 数控系统的基本构成

　　逻辑控制器，也称为可编程控制器机床接口或 PLC，主要用来完成机床的逻辑控制，如主轴换挡控制、液压系统控制、车床的自动刀架控制、铣床的刀库控制、换刀机械手的控制等。数控系统的 3 个基本构成功能部件，相互依存，配合默契，共同实现数控机床的控制功能。这 3 个功能部件是数控机床可靠、准确、高速地加工出高精度与高表面质量零件的基本保证。

　　数控系统的硬件由数字控制装置和驱动控制装置两部分组成，CNC 系统框图如图 3.2 所示。数字控制装置通常采用一个或多个微处理器来完成上述 3 个基本功能。驱动控制装置由一个微处理器或多个微处理器对一个或多个坐标轴的速度环和电流环进行调节，以保证快速、准确地完成由数控装置发出的位置命令。总之，数控系统采用的微处理器越多，其运算和处理能力就越强，但价格就越高。对机床的使用者来说，数控系统采用了多少个微处理器并不重要，关键是数控系统的处理速度与控制能力是否能够满足加工速度、精度和表面质量的要求。

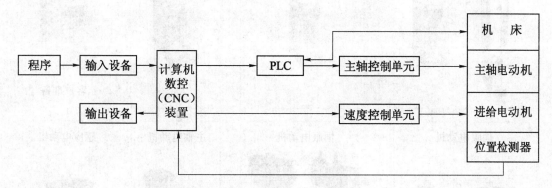

图 3.2 CNC 系统框图

　　数控系统的部件连接，以三菱数控系统 E68 为例，如图 3.3 所示，该系统采用面板一体化结构的数控单元中集成了人机界面、数字控制和逻辑控制 3 个部分，与之配套的有手动脉冲发生器、基本 I/O 单元、远程 I/O 单元、主轴同期进给编码器（位置检测器）、驱动控制器及伺服电动机等。感应电动机也可通过变频器接入基本 I/O 单元。

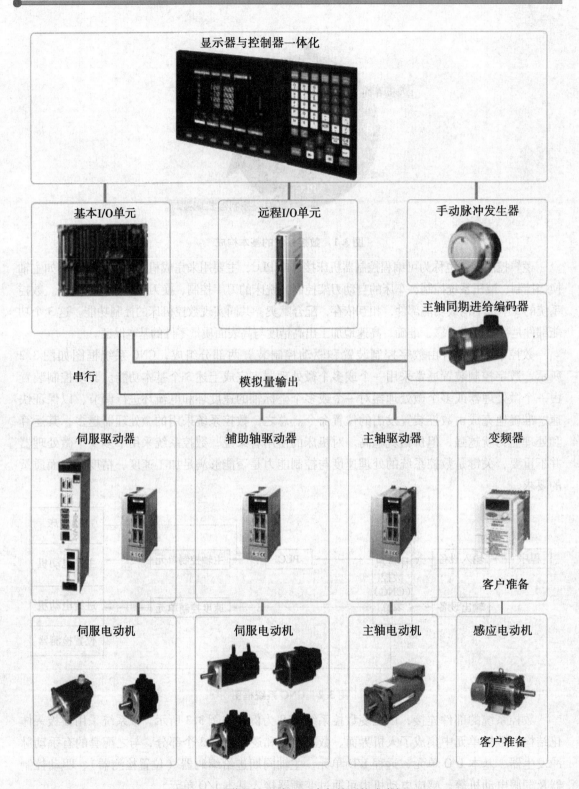

图 3.3　三菱数控系统 E68 电气控制构成举例

3.1.2 数控系统的数据流

数控系统的特点是操作人员可以将要加工的零件以程序的方式进行描述，并输入数控系统中。零件程序具有 DIN 标准和 ISO 标准，如直线用 G01 表示，顺时针圆弧用 G02 表示，逆时针圆弧用 G03 表示。利用数控编程标准代码所描述的工件加工过程称为零件加工程序。数控系统将零件加工程序存储于程序存储器中，程序启动后，数控系统的数据处理软件首先对存储器中的零件加工程序进行译码，译码后的程序被送入预读缓冲存储器。数控系统的插补器从预读缓冲存储器中读出译码好的零件加工程序，然后进行插补计算，计算出轨迹上的位置。数控系统常用的插补方法有直线插补、圆弧插补等，有些数控系统还可以提供样条插补、多项式插补、表格插补等插补方法。由插补器生成的位置指令被送到位置控制器进行位置调节控制。位置控制器根据插补器给出的位置指令以及伺服电动机测量系统测得的实际位置，生成速度信号并将其送到伺服驱动器。伺服驱动器最终控制伺服电动机向指令位置方向运动。如图 3.4 所示为某一数控系统的数据流程。

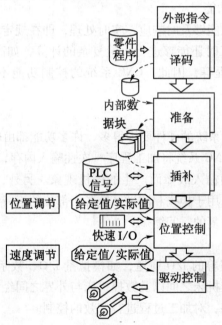

图 3.4　某一数控系统的数据流程

3.2　数控系统的特点和功能

3.2.1　数控系统的特点

计算机数控系统有下述主要特点：

1. 灵活性

CNC 系统最突出的优点是，只要改变程序，就可以补充和开发新的功能，而且使用者无须考虑计算机的系统软件，只需根据零件的形状使用手工编程或自动编程的方法，通过计算机的输入设备输入零件和刀具的情况即可。

2. 通用性

CNC 装置的硬件和软件大多采用模块化结构，这会使系统的扩充和扩展变得较为容易。按模块化方法组成的 CNC 系统具有通用性，对不同的机床（如车床、铣床、钻床、磨床、加工中心、特种机床等），只要配置相应的功能模块即可满足这些机床的不同要求。同时，标准化的接口电路、统一的使用界面，对用户的培训、学习也十分方便。

3. 较强的环境适应性

数控机床的现场使用条件一般都比较恶劣，如振动严重、温度变化频繁、强电场、强磁场等。这些情况都会影响数控机床的使用性能，尤其影响作为控制用的微型计算机，故 CNC 系统具有较强的环境适应能力，能适应各种不同的使用条件。

4. 复杂、高效的数控功能

数控系统对输入的信息能够及时响应，实时处理，即在规定的时间内做出反应或进行控制。计算机在进行数控加工时还能够进行大量复杂的计算，如高次曲线插补、多种补偿功能、动静态图形显示和编程等，因此，CNC 系统的控制功能不仅仅是复杂的，而且是高效的。

5. 高可靠性

与 NC 系统相比，CNC 系统的硬件要少得多，许多功能都由软件来实现，因此，系统的出错率也相对减少，并且 CNC 系统将加工程序一次性输入内存，经过检查正确后才能调用，这就避免了在加工过程中因输入故障而产生的停机现象。另外，CNC 系统在系统软件中还有丰富的诊断和保护程序，用于检查和测试系统各个部位的运行情况，从而使系统发生故障的频率降低，故障发生后修复的时间缩短。

6. 完善的 I/O 通道

数控系统通常配备有完善的 I/O 通道，如模拟量 I/O、数字量 I/O、人机交互通信等，以便数控机床与主机、数控机床之间以及数控机床与外界之间经常交换信息，这样使用者可以随时掌握数控系统的状态，对加工过程进行有效的控制。

7. 易于实现机电一体化

随着计算机制造技术的发展，数控系统的硬件数量相应减少，电子元件的集成度越来越高，硬件的体积不断减小，因此，数控系统的硬件结构越来越紧凑，其与机床结合为一体成为可能。另外，由于即时通信功能增强，能集中控制、统一管理的柔性制造系统和计算机集成制造系统（Computer Integrate Manufacturing System，CIMS）等出现了。

3.2.2 数控系统的功能

CNC 系统的功能通常包括基本功能和选择功能。基本功能是 CNC 系统必备的功能，选择功能是供用户根据机床特点和用途进行选择的功能。这些功能主要反映在准备功能 G 指令代码和辅助功能 M 代码上。通常，CNC 装置的功能随数控机床的类型、用途、档次的不同而有很大的差别，其功能有以下几个方面：

1. 控制功能

CNC 系统能控制（或联动控制）进给坐标轴，被控制轴可分为移动轴和回转轴，也可分为基本轴和附加轴。联动控制坐标轴可以完成轮廓轨迹的加工，一般数控车床只需两轴联动，数控铣床、加工中心等需要三轴以上的联动。联动控制轴数越多，CNC 系统越复杂，编程也就越困难。

2. 准备功能和辅助功能

准备功能是指令机床动作方式的功能，即 G 代码。辅助功能是指令机床辅助操作的功能，即 M 代码。

3. 点位移动与连续移动功能

点位移动用于点位控制的数控机床，如钻床、冲床；连续（轮廓）移动用于轮廓控制的数控机床，如车床、铣床、加工中心等。轮廓控制系统必须具有两个以上的进给坐标轴，且具有联动功能。

4. 插补功能

现代 CNC 系统一般都采用软件进行插补，数据采样插补是主要的插补方法。一般数控装置仅有直线和圆弧插补，较为高档的数控装置还有抛物线插补、螺旋线插补、极坐标插补、正弦插补和样条插补等。另外，数控装置还有采用高速微处理器进行一级插补以及粗插补和精插补分开的二级插补方法。

5. 固定循环加工功能

在数控机床的加工过程中，有些加工工序，如钻孔、攻丝、镗孔、深孔钻削等，所需要完成的动作循环十分典型，而且多次重复。将这些典型的动作预先用 G 代码编好程序并存储在内存中，在加工时直接使用这些 G 代码完成上述典型的动作循环，可大大地简化编程工作。

6. 进给功能

进给功能是指用速度指令 F 直接指定各坐标轴的进给速度。

（1）切削进给速度

切削进给速度是指刀具切削时的移动速度，单位为 mm/min。该指标应与坐标轴移动的分辨率可结合起来予以考虑。如 FANUC-15 系统，当分辨率为 1 μm 时，进给速度可达 100 mm/min；分辨率为 0.1 μm 时，进给速度为 24 mm/min。

（2）同步进给速度

同步进给速度是指以主轴每转一圈，进给轴对应的进给量规定的进给速度，单位为 mm/r，只有主轴上安装了位置编码器（一般为脉冲编码器）的机床才能指令同步进给速度，其用于切削螺纹的编程。

（3）快速进给速度

快速进给速度是机床的最高进给速度，可通过参数来设定，可以用 G00 来指定，还可以通过操作面板上的快速倍率开关分挡来指定。

（4）进给倍率

进给倍率通过操作面板上的快速倍率开关来选择，可以不用修改程序就直接改变进给速度。进给倍率可在 0～200% 变化，每挡间隔 10%。

7. 主轴速度控制功能

数控系统的主轴速度控制功能主要有以下几种：

（1）切削速度（主轴速度）

该功能主要对刀具切削点的切削速度进行控制，单位为 m/min（或 r/min）。

（2）恒定线速度

该功能使刀具切削点的切削速度为恒速，它对保证车床或磨床加工工件的端面质量有很重要的意义。

（3）主轴定向准停

该功能使主轴在径向的某一位置准确停止，有自动换刀功能的机床必须选取这一功能的 CNC 装置。

8. 刀具管理功能

该功能可实现对刀具几何尺寸和刀具寿命的管理，包括能选择的刀具数量和种类、刀具的编码方式、自动换刀的方式等。一般加工中心都有此功能。

9. 补偿功能

（1）刀具半径和长度补偿

该功能根据按零件轮廓编制的程序控制刀具中心的运动，并在刀具磨损或更换时，对刀具的长度和半径做出相应的补偿。

（2）工艺量的补偿

该功能包括坐标轴的反向间隙补偿、进给传动件传动误差的补偿、进给齿条齿距误差的补偿、机件温度变形的补偿等。

10. 人机对话功能

CNC 系统中配有单色或彩色 CRT，通过软件和接口可以实现字符和图形显示，以方便用户的操作。显示的内容有：程序、参数、各种补偿量、坐标信息、故障信息、人机对话选单、零件图形、动态刀具轨迹等。

11. 程序编制功能

（1）手工编程

手工编程是指用 CNC 系统配置的键盘，并参照零件图纸、遵循系统的指令规则输入零件的加工程序。编程时，机床不能进行加工，因而耗费机时，其只适用于简单零件的加工。

（2）背景（后台）编程

这种编程方法也称在线编程，可以在机床加工时进行编程，因此不占用机时。具有背景编程的 CNC 装置内部都有专门用于编程的 CPU。

（3）自动编程

CNC 装置内部有自动编程语言，由专门的 CPU 来管理编程。

12. 输入、输出和通信功能

为了实现程序和参数的输入、输出和存储，一般的 CNC 系统可以连接多种输入、输出外部设备。在没有背景编程和机内计算机辅助编程的情况下，为了节省机时，CNC 系统往往采用外部编程。编制的程序存储在磁盘上，可以直接输入数控装置，也可以通过通信的方式传送到数控装置。这些设备多采用串行通信的方式传送信息，所以它们通常与 CNC 系统的 RS232 接口相连。

13. 自诊断功能

一般的 CNC 系统都有自诊断功能，这些自诊断功能主要是由各种诊断程序来实现的。具有此功能的 CNC 系统在故障出现后可以迅速查明发生故障的原因和位置，以防止故障扩大，减少故障停机时间。

通常，诊断程序随 CNC 系统的不同而有所差别，它可以包含在系统软件中，在系统运行的过程中进行检查和诊断，也可以作为服务性程序，在系统运行前或故障停机时进行诊断，查找故障的部位，有的 CNC 系统还可以进行远程通信诊断。

总之，CNC 系统的功能多种多样，而且随着技术的发展，功能越来越丰富。

3.2.3 数控系统的插补原理

1. 插补的基本概念

零件的轮廓形状是由各种线型（如直线、圆弧、螺旋线、抛物线、自由曲线等）组成的，因此，如何控制数控机床刀具或工件的运动，使加工出的零件满足几何尺寸精度和粗糙度的要求，是机床数控系统的核心问题。如果要求刀具的运动轨迹完全符合工件的轮廓形状，会使算法变得非常复杂，计算机的工作量也将大大增加。从理论上来说，如果已知零件轮廓的方程，如 $y = f(x)$，则 x 方向增加 Δx 时，按此式即可计算出 Δy 的值。只要合理地控制 Δx、Δy 的值，就可以得到满足几何尺寸精度和粗糙度要求的零件轮廓形状。但用这种直接计算的方法，曲线次数越高，计算越复杂，占用 CPU 的时间越多，加工效率也越低，另外，还有一些用离散数据表示的曲线、曲面等，无法用上述方法进行计算，因此，数控系统一般不采用这种直接计算的方法。

在实际加工过程中，常常用小段直线或圆弧来逼近（拟合）零件的轮廓曲线，在有些场合也可以用抛物线、椭圆、双曲线来逼近。插补是指数据密化的过程，即对输入数控系统的有限坐标点（如起点、终点），计算机根据曲线的特征，运用一定的计算方法，自动地在有限坐标点之间生成一系列的坐标数据，以满足加工精度的要求。

无论是普通数控系统（硬件数控 NC 系统），还是现代 CNC 系统，都必须具备插补功能，只是它们采取的插补方式有所不同。在 CNC 系统中，一般采用软件或软件和硬件相结合的方法完成插补运算，称为软件插补；在 NC 系统中，有一个专门实现插补计算的计算装置（插补器），称为硬件插补。软件插补和硬件插补的原理相同，其作用都是根据给定的信息进行计算，在计算过程中不断地向各坐标轴发出相互协调的进给脉冲，使数控机床的被控制部分按指定的轨迹运动。

2. 插补算法的分类

根据插补运算所采用的基本原理和计算方法不同，通常将应用的插补算法分为基准脉冲插补和数据采样插补两大类。

（1）基准脉冲插补

基准脉冲插补又称行程标量插补或脉冲增量插补，适用于以步进电动机为驱动装置的开环数控系统。其特点是，每次插补结束后产生一个行程增量，并以脉冲的方式输出到坐标轴上的步进电动机。单个脉冲使坐标轴产生的移动量称脉冲当量，一般用 δ 来表示。脉冲当量是脉冲分配的基本单位，按加工精度选定，普通机床取 $\delta = 0.01$ mm，较精密的机床取 $\delta = 0.005$ mm、$0.002\ 5$ mm 或 0.001 mm。由于基准脉冲插补算法只用加法和移位即可完成，故运算速度很快，其一般用于中等精度（0.01 mm）和中等速度（$1 \sim 3$ m/min）的数控系统。

（2）数据采样插补

数据采样插补又称时间标量插补或数字增量插补，适用于交流、直流伺服电动机驱动的闭环（或半闭环）位置采样控制系统。这类插补算法的特点是，插补运算分两步进行。第一步为粗插补，即在给定起点和终点的曲线之间插入若干点，用若干微小直线段来逼近给定曲线，每一微小直线段的长度 ΔL 相等，且与给定的进给速度有关。在每一个插补周期中，粗插补程序被调用一次，因而，每一微小直线段的长度 ΔL 与进给速度 F 和插补周期 T 成正比，即 $\Delta L = FT$。粗插补的特点是把给定的曲线用一组直线段来逼近。第二步为精插补，它在粗插补计算出的每一微小直线段的基础上再做"数据点的密化"工作。这一步相当于对直线的脉冲增量进行插补。在实际应用中，粗插补由软件完成，即通常所说的插补运算；精插补可以由软件完成，也可以由硬件完成。这类插补算法都是采用时间分割的思想，根据程序编制的进给速度，将轮廓曲线分割为采样周期的进给段（轮廓步长），即用直线或圆弧逼近轮廓曲线。

3.2.4 典型数控系统

数控系统是数控机床的核心，是数控机床的大脑。数控机床往往根据其性能要求配备不同的数控系统。我国已成为世界上数控机床消费国和生产国，国产中、高档数控系统替代进口数控系统的空间巨大。目前，一系列高性能国产数控系统已出现。为了帮助大家了解数控系统的发展现状，在此介绍世界和国内有名的一些数控系统。

1. 日本发那科（FANUC）数控系统

日本发那科公司是当今世界上数控系统科研、设计、制造、销售实力强大的企业，其早期的 Power Mate 0 系列、0—D 系列、0—C 系列数控系统，随着数控技术的发展，已从主流产品位置逐渐退居下来，而目前流行的是下列 4 类产品：

（1）FANUC Power Motion i – MODEL A 系列

该类产品的最多路径数达 4 条，总控制轴数最多达 32 个，同时控制轴数为 4 个。它是一种多轴、高速、高响应的工业机械用 CNC 系统。

（2）FANUC Series 0i – MODEL F Plus

该类产品是全新的畅销全球的系列产品，搭载发那科最新的 CNC、伺服新技术。其中：0i – MF Plus 适用于加工中心，1 条路径可控轴数达 9 个，2 条路径可控轴数达 11 个，最多同时控制轴数为 4 个；0i – TF Plus 适用于数控车床，1 条路径可控轴数达 9 个，2 条路径可控轴数达 12 个，同时控制轴数为 4 个。

（3）FANUC Series 0i – MODEL F

该类产品是更先进的 FANUC 国际标准 CNC 系统。其中：0i – MF 适用于加工中心，1 条路径可控轴数达 9 个，2 条路径可控轴数达 11 个，同时控制轴数为 4 个；0i – TF 适用于数控车床，1 条路径可控轴数达 9 个，2 条路径可控轴数达 12 个，同时控制轴数为 4 个；0i – PF 适用于数控钻床，1 条路径可控轴数最多达 7 个。

（4）FANUC Series 30i/31i/32i/35i – MODEL B

该类产品可以实现高速、高质量的纳米 CNC 系统。其中：30i – MODEL B 可达 10 ~ 15 条路径，总控制轴数最多达 96 个（72 个进给轴、24 个主轴），同时控制轴数多达 24 个；具备 5 轴联动功能，应用灵活，适合各类复杂数控机床。31i – MODEL B 最多路径数达 6 条路径，总控制轴数最多达 34 个（26 个进给轴、8 个主轴），同时控制轴数为 4 个。31i – MODEL B5 是在 30i – B 基础上，增加 5 轴联动功能，适宜于 5 轴联动高档数控机床。32i – MODEL B 最多路径数为 2 条路径，总控制轴数最多达 20 个（12 个进给轴、8 个主轴），同时控制轴数为 4 个，适用于数控车床和普通加工中心。35i – MODEL B 最多路径数为 4 条路径，总控制轴数最多达 20 个（16 个进给轴、4 个主轴），同时控制轴数为 4 个，生产线用 CNC，具有强大 PMC（Programmable Machine Controller）功能和基本的 CNC 功能。

2. 德国西门子数控系统

西门子数控系统是德国西门子集团旗下自动化与驱动集团的产品，它是一个集所有数控系统元件（数字控制器、可编程控制器、人机操作界面）于一体的操作面板形式的控制系统。西门子数控系统 SINUMERIK 发展了很多代，目前在广泛使用的主要有 802S/C/D 等大家熟悉的产品，市场份额逐渐减少，目前的主导品牌有以下几种类型：

（1）SINUMERIK 808

该类型产品适用于普通机床的完美预配置数控系统。SINUMERIK 808D ADVANCED 数控系统是一种基于面板基本性能范围的数控系统。这种紧凑和用户友好的入门级解决方案适用于普通车/铣机床。其操作简单，易于调试和维护，同时具有最优成本，是用于配备入门级数控机床的理想系统。

（2） SINUMERIK 828

SINUMERIK 828 数控系统凭借其独一无二的性能，树立了其在标准车/铣机床的生产力标杆，其在磨床上也有广泛使用。基于面板的紧凑型数控系统 SINUMERIK 828D BASIC、SINUMERIK 828D 和 SINUMERIK 828D ADVANCED 是满足价格敏感市场要求的解决方案。

（3） SINUMERIK 840

人们有确定的理由认为 SINUMERIK 840Dsl 是高端数控系统中的标准。它除了具有极高的数控性能外，还具有极高的灵活性和开放性，适用于几乎所有机床方案。高性能的硬件架构、智能控制算法以及高级驱动和电动机技术，确保了极高动态性能和加工精度。它还涵盖了可集成到 IT 环境中的一系列综合解决方案。

（4） SINUMERIK MC

SINUMERIK MC 集成了 SINUMERIK CNC、SIMATIC 控制器和 Windows 10 操作系统，是实现定制化用户界面机床的理想解决方案。其应用领域包括木材加工、石材加工、玻璃加工、粘接应用、简单磨削应用以及专用机床技术，如金属板切割、激光和水射流切割，以及增材制造等工程应用。

3. 日本三菱数控系统

三菱电机公司于 1956 年就开始了数控系统的研发，到目前已经有 60 多年的开发历史，因而其拥有丰富的数控系统开发经验，且产品性能优越。同样，三菱数控产品也从早期的 M60S、E68、E60、C6、C64 等系列产品，发展到当今的产品系列。主要包括：

① C70 系列，采用三菱高档 CNC 技术、与 CNC C70 系列兼容的 iQ 平台。

② E70 系列，简单 CNC E70 系列，提供简单操作和高性价比。

③ M70V，全球标准三菱 CNC M70V 系列，追求高速度、高精度。

④ M700V 系列，配备高级全纳米控制的三菱 CNC M700V 系列。

⑤ M800/M80 系列，全阵容改革，彻底颠覆对 CNC 的所有理解。

4. 西班牙发格数控系统

西班牙发格自动化（Fagor Automation）有限公司，简称发格公司，成立于 1972 年，是世界著名的数控系统、伺服驱动系统、数显（Digital Read Out，DRO）仪和光栅尺/编码器（其产销量居世界第二）制造商，其产品畅销国际市场。基于强大的功能组件支持，发格数控系统可为高端加工中心和高端车削中心提供完整的工控方案。对话式编程功能专门解决小批量工件编程问题，高速高精功能、纳米级分辨率控制可突显机床的高技术含量、专用功能或特殊应用功能。

（1） 8070 系列数控系统

8070 系列数控系统是目前发格公司最高档的数控系统，代表发格公司的顶级水平，是 CNC 技术与 PC 技术的结晶，是可与 PC 兼容的数控系统。它可以控制"16 个进给轴 +3 个电子手轮 +2 个主轴"。

（2） 8055 系列数控系统

8055 系列数控系统是发格公司的高档数控系统，可实现"7 轴联动 + 主轴 + 手轮"控制。按处理速度的不同，其可分为 8055/A、8055/B、8055/C 三个档次。该系统具有连续数字化仿形、RTCP 补偿、内部逻辑分析仪、SERCOS 接口、远程诊断等许多高级功能。

（3）8040 系列数控系统

8040 系列数控系统是 2001 年投放市场的中高档数控系统，其功能与性能介于 8025 系列和 8055 系列之间，可控制"4 个进给轴 + 1 个主轴 + 2 个手轮"，是集 CNC、PLC 为一体的数控系统，PLC 具有逻辑分析仪功能。

（4）8025/8035 系列数控系统

8025/8035 系列数控系统是发格公司的经济型产品。该数控系统具有操作面板、显示器、中央单元合一的紧凑结构，性价比很高。

5. 美国赫克数控系统

赫克（Hurco）公司创立于 1968 年，在数控系统采用微处理机和对话式编程软件开发等方面处于同行业领先地位，赫克数控系统的最大特点是以对话式编程为主，同时也能编辑执行标准的 NC 程序，美国赫克数控系统如图 3.5 所示。

图 3.5　美国赫克数控系统

在赫克多个系列产品中，赫克会话式数控系统的产品一直在市场内傲视同侪，其特点是采用开放式的系统架构，以对话式编程为主，同时也能运行标准的 NC 程序。目前赫克数控系统主要有 UltiMax 系列及最新推出的 WinMax。新版本的 WinMax 结合了菜单会话式的程序编写方式，运用大量的图像和数据计算软件，能利用系统功能，编制加工程序，并仿真实际加工中的三维效果，使操作员能直接通过手上的零件图完成复杂的加工任务。

6. 德国海德汉数控系统

海德汉（HEIDENHAIN）公司是一家总部在德国的公司。海德汉公司研制生产光栅尺、角度编码器、旋转编码器、数显装置和数控系统。海德汉公司现已累计交付超过 500 万套直线光栅尺，1 100 万套旋转编码器和角度编码器，460 000 台数显装置和近 235 000 套 TNC 数控系统。

其中，新系统 TNC640 是替代 iTNC530 的升级产品，特别适用于高性能铣削类机床，同时也是海德汉公司第一款实现铣车复合的数控系统。它保持了海德汉系统在5轴加工、高速加工以及智能加工方面的先进特点，能将加工速度、精度和表面质量实现完美统一。

7. 华中数控系统

通过自主创新，华中数控系统在我国中、高档数控系统及高档数控机床关键功能部件产品研制方面取得重大突破，重点突破了一批数控系统的关键单元技术；攻克了规模化生产工艺和可靠性关键技术，形成了系列化、成套化的中、高档数控系统产品。

具有自主知识产权的伺服驱动和主轴驱动装置的性能指标达到国际先进水平，自主研制的5轴联动高档数控系统已在汽车、能源、航空等领域成功应用。

8. 广州数控系统

广州数控设备有限公司成立于1991年，历经创业、创新、创造，是首批高新技术企业，国内专业技术领先的成套智能装备解决方案提供商，被誉为中国南方数控产业基地。

广州数控设备有限公司现在的主流产品包括：GSK983M–V、980MD 铣床数控系统，GSK980TDa、928TEII、980TB1、218TB 车床数控系统，DAP03 主轴伺服驱动系统，ZJY208、ZJY265 主轴伺服电动机，GSK218M、990MA 铣床数控系统，928GA/GE 磨床数控系统，80SJT 系列伺服电动机等。

3.3 数控机床上的可编程控制器

3.3.1 数控机床 PLC 的控制对象

在讨论 PLC、CNC 和机床各机械部件、机床辅助装置、强电线路之间的关系时，常把数控机床分为"NC 侧"和"MT 侧"（机床侧）两大部分。"NC 侧"包括 CNC 系统的硬件和软件以及与 CNC 系统连接的外围设备。"MT 侧"包括机床机械部分及其液压、气压、冷却、润滑、排屑等辅助装置，机床操作面板，继电器线路，机床强电线路等。PLC 处于 CNC 和 MT 之间，对 NC 侧和 MT 侧的 I/O 信号进行处理。

MT 侧顺序控制的最终对象随数控机床的类型、结构、辅助装置等的不同而有很大差别。机床机构越复杂，辅助装置越多，最终受控对象也越多。一般来说，最终受控对象的数量和顺序控制程序的复杂程度从低到高依次为 CNC 车床、CNC 铣床、加工中心、FMC 和 FMS。

PLC 在数控机床中有 3 种不同的配置方式，如图 3.6 所示。

① PLC 在机床一侧，代替了传统的继电器—接触器逻辑控制，PLC 有 $(m+n)$ 个 I/O 点，如图 3.6（a）所示。

② PLC 在电气控制柜中，有 m 个 I/O 点，如图 3.6（b）所示。

③ PLC 在电气控制柜中，而 I/O 接口在机床一侧，如图 3.6（c）所示。这种配置方式使 CNC 与机床接口的电缆大为减少。

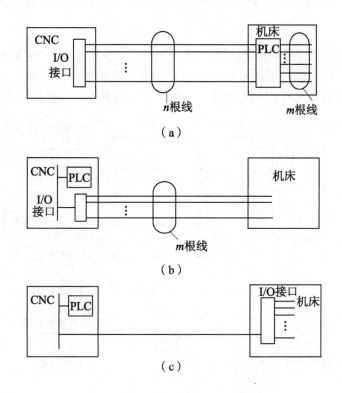

图 3.6　PLC 在数控机床中的配置方式

(a) PLC 在机床侧；(b) PLC 在 CNC 侧；(c) I/O 接口在机床侧

CNC 装置和机床 I/O 信号的处理包括：

(1) CNC 装置→机床

CNC 的输出数据经 PLC 逻辑处理，通过 I/O 接口送至机床侧。CNC 至机床的信息主要是 M、S、T 等功能代码。

PLC 向机床侧传递的信息主要控制机床的执行元件，如电磁阀、继电器、接触器以及确保机床各运动部件状态的信号和故障指示等。

(2) 机床→CNC 装置

从机床侧输入的开关量经 PLC 逻辑处理传送到 CNC 装置中。机床侧传递给 PLC 的信息主要是机床操作面板上各开关、按钮等的信息，包括机床的启动、停止，工作方式选择，倍率选择，主轴的正、反转和停止，切削液的开、关，卡盘的夹紧、松开，各坐标轴的点动，换刀及行程限位等开关信号。

3.3.2　数控机床 PLC 的形式

数控机床用 PLC 可分为两类：一类是专为实现数控机床顺序控制而设计、制造的内装型（Built – in Type）PLC；另一类是 I/O 接口技术规范、I/O 点数、程序存储容量以及运算和控制功能等均能满足数控机床控制要求的独立型（Stand-alone Type）PLC。

（1）内装型 PLC

内装型 PLC 从属于 CNC 装置，PLC 与 NC 间的信号传送在 CNC 装置内部即可实现。PLC 与"MT 侧"（机床侧）通过 CNC I/O 接口电路实现信号传送，如图 3.7 所示。内装型 PLC 实际上是 CNC 装置带有的 PLC 功能，一般作为一种基本的功能提供给用户。

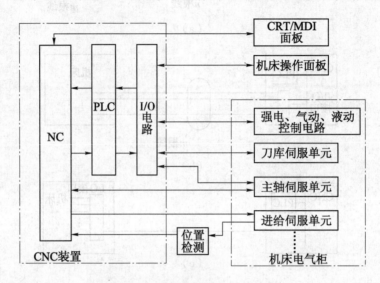

图 3.7　采用内装型 PLC 的 CNC 系统

内装型 PLC 的性能指标（如 I/O 点数、程序最大步数、每步执行时间、程序扫描时间、功能指令数目等）是根据所从属的 CNC 系统的规格、性能、适用机床的类型等确定的，其硬件和软件部分作为 CNC 系统的基本功能或附加功能与 CNC 系统一起统一进行设计、制造。因此，系统硬件和软件整体结构十分紧凑，PLC 所具有的功能针对性强，技术指标较合理、实用，较适用于单台数控机床及加工中心等场合。

在系统的结构上，内装型 PLC 可与 CNC 装置共用 CPU，也可单独使用一个 CPU；内装型 PLC 一般单独制成一块附加板，插装到 CNC 主板插座上，不单独配备 I/O 接口，而使用 CNC 系统本身的 I/O 接口；PLC 控制部分及部分 I/O 电路所用电源（一般是输入口电源，而输出口电源是另配的）由 CNC 装置提供，不另备电源。采用内装型 PLC 结构的 CNC 系统可以具有某些高级控制功能，如梯形图的编辑和传送功能等。

世界上著名的 CNC 厂家在其生产的 CNC 系统中，大多开发了内装型 PLC 功能。常见的有：发那科公司的 FS－0（PMC－L/M）、FS－0Mate（PMC－L/M）、FS－3（PC－D）、FS－6（PC－A、PC－B）、FS－10/11（PMC－1）、FS－15（PMC－N）；西门子公司的 SI-NUMERIK810/820；A－B 公司的 8200、8400、8500 等。

（2）独立型 PLC

独立型 PLC 又称通用型 PLC。独立型 PLC 独立于 CNC 装置，具有完备的硬件和软件功能，是能够独立完成规定控制任务的装置。采用独立型 PLC 的 CNC 系统如图 3.8 所示。

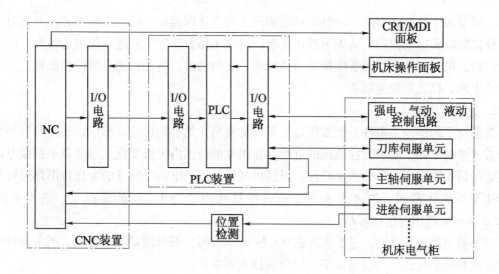

图 3.8　采用独立型 PLC 的 CNC 系统

数控机床应用的独立型 PLC，一般为中型或大型 PLC，I/O 点数一般在 200 点以上，所以其多数采用积木式模块化结构，具有安装方便、功能易于扩展和变换等优点。独立型 PLC 的 I/O 点数可以通过 I/O 模块的增减灵活配置。有的独立型 PLC 还可通过多个远程终端连接器，构成具有大量 I/O 点的网络，以实现大范围的集中控制。

生产通用型 PLC 的厂家很多，应用较多的有西门子公司的 SIMATIC S5、S7 系列，日本立石公司的 OMROM SYSMAC 系列，发那科公司的 PMC 系列，三菱集团的 FX 系列等。

3.4　伺服系统

3.4.1　数控机床对伺服系统的要求

"伺服（Servo）"在中英文里是一个音、意都相同的词，顾名思义，它表示"伺候服侍"，的确，它按照数控系统的指令，对机床进行忠诚的"伺候服侍"，使机床各坐标轴严格地按照数控指令运动，加工出合格零件。也就是说，伺服系统是把数控信息转化为机床进给运动的执行机构。数控机床集中了传统的自动机床、精密机床和通用机床三者的优点，将高效率、高精度和高柔性集中于一体。而数控机床技术水平的提高首先依赖进给和主轴驱动特性的改善以及功能的扩大，为此，数控机床对进给伺服系统的位置控制、速度控制、伺服电动机、机械传动等方面都有很高的要求。下面将主要叙述前三者。

由于各种数控机床所完成的加工任务不同，所以其对进给伺服系统的要求也不尽相同，但通常可概括为以下几方面：

1. 可逆运行

可逆运行要求机床工作台能灵活地正、反向运行。在加工过程中，机床工作台处于随机状态，根据加工轨迹的要求，随时都可能实现正向或反向运动，同时要求在方向变化时，不应有反向间隙和运动损失。从能量的角度看，机床工作台应能实现能量的可逆转换，即在加工运行时，电动机从电网吸收能量变为机械能；在制动时，电动机的机械惯性能量变为电能回馈给电网，以实现快速制动。

2. 速度范围宽

为适应不同的加工条件，例如所加工零件的材料、类型、尺寸、部位以及刀具的种类和冷却方式等的不同，要求数控机床的进给能在很宽的范围内无级变化。这就要求伺服电动机有很宽的调速范围和优异的调速特性。经过机械传动后，电动机转速的变化范围即可转化为进给速度的变化范围。先进的水平是在进给脉冲当量为 $1\ \mu m$ 的情况下，进给速度在 $0 \sim 240\ m/min$ 范围内连续可调。

对一般数控机床而言，进给速度在 $0 \sim 24\ m/min$ 时，都可满足加工要求。通常在这样的速度范围数控机床还可以提出以下更细致的技术要求：

① 在 $1 \sim 24\ 000\ mm/min$，即 1:24 000 调速范围内时，要求速度均匀、稳定、无爬行，且速度降小。

② 在 $1\ mm/min$ 以下时，具有一定的瞬时速度，但平均速度很低。

③ 在零速度时，即工作台停止运动时，要求电动机有电磁转矩以维持定位精度，使定位误差不超过系统的允许范围，即电动机处于伺服锁定状态。

由于位置伺服系统是由速度控制单元和位置控制环节两大部分组成的，如果速度控制系统也过分地追求像位置伺服控制系统那么大的调速范围而又要可靠、稳定地工作，那么速度控制系统将会变得相当复杂，这样既提高了成本，又降低了可靠性。

一般来说，对于进给速度范围为 1:20 000 的位置控制系统来说，在总的开环位置增益为 20（1/s）时，只要保证速度控制单元具有 1:1 000 的调速范围就可以满足需要，这样可使速度控制单元线路既简单，又可靠。当前，代表当今世界先进水平的系统，其速度控制单元的调速范围已达 1:100 000。

3. 具有足够的传动刚性和高的速度稳定性

数控机床要求伺服系统具有优良的静态与动态负载特性，即要求伺服系统在不同的负载情况下或切削条件发生变化时，应使进给速度保持恒定。对于刚性良好的系统，速度受负载力矩变化的影响很小。通常系统要求承受额定力矩变化时，静态速度降应小于 5%，动态速度降应小于 10%。

4. 快速响应并无超调

为了保证轮廓切削形状精度和低的加工表面粗糙度，数控机床对位置伺服系统除了要求有较高的定位精度外，还要求有良好的快速响应特性，即要求跟踪指令信号的响应要很快。同时，对伺服系统的动态性能提出两方面的要求：一方面，在伺服系统处于频繁地启动、制动、加速、减速等动态过程中，为了提高生产率和保证加工质量，加速度、减速度要足够大，以缩短过渡过程时间。一般电动机速度由 0 到最大，或从最大减少到 0，时间应控制在

200 ms 以下，甚至少于几十毫秒，且速度变化时不应有超调。另一方面，当负载突变时，过渡过程前沿要陡，恢复时间要短，且无振荡，这样才能得到光滑的加工表面。

5. 高精度

要满足数控加工精度的要求，关键是保证数控机床的定位精度和进给跟踪精度。这也是伺服系统静态特性与动态特性指标是否优良的具体表现。位置伺服系统的定位精度一般要求能达到 1 μm 甚至 0.1 μm，高的可达到 ±0.01 ~ ±0.005 μm。

相应地，数控机床对伺服系统的分辨率也提出了要求。当伺服系统接受 CNC 送来的一个脉冲时，机床工作台相应移动的单位距离称分辨率。系统的分辨率取决于系统的稳定工作性能和所使用的位置检测元件。闭环伺服系统的分辨率都能达到 1 μm；数控测量装置的分辨率可达 0.1 μm；高精度数控机床的分辨率也可达到 0.1 μm，甚至更小。

6. 低速、大转矩

机床的加工特点是，大多数数控机床在低速时进行切削，即在低速时进给驱动要有大的转矩输出。

7. 伺服系统对伺服电动机的要求

数控机床上使用的伺服电动机，大多数是专用的直流伺服电动机，如改进型直流电动机、小惯量直流电动机、永磁式直流伺服电动机、无刷直流电动机等。自 20 世纪 80 年代中期以来，以交流异步电动机和永磁同步电动机为基础的交流进给驱动得到了迅速的发展，它是机床进给驱动发展的一个方向。

由于数控机床对伺服系统提出了如上的严格技术要求，伺服系统也对其自身的执行机构——电动机提出了严格的要求：

① 从最低速到最高速的电动机都能平稳运转，转矩波动要小，尤其在低速如 0.1 r/min 或更低速时，电动机仍应有平稳的速度而无爬行现象。

② 电动机应具有大的较长时间的过载能力，以满足低速、大转矩的要求。一般直流伺服电动机要求在数分钟内过载 4~6 倍而不被损坏。

③ 为满足快速响应的要求，电动机应有较小的转动惯量和大的堵转转矩，并具有尽可能小的时间常数和启动电压；电动机应具有耐受 4 000 rad/s² 以上角加速度的能力，以保证电动机可在 0.2 s 以内从静止启动到额定转速。

④ 电动机应能承受频繁启动、制动和反转。

3.4.2　伺服电动机的特性与选型

伺服电动机是数控机床驱动坐标运动的执行部件。伺服驱动系统控制伺服电动机驱动数控机床的传动系统。因此，伺服驱动系统也是数控机床性能的保证。伺服电动机不仅具有恒定输出转矩的特性，即其在额定转速范围内可输出恒定的转矩，而且电动机还具有非常强的过载能力。数控机床制造商使用的伺服电动机有：步进电动机、直流伺服电动机、交流伺服电动机、直线电动机等，各自的工作原理、控制方式各有差异，使用特性和成本也相差很大，本章主要讲述伺服电动机的通用特性和选型。

伺服电动机制造厂商应为机床制造厂提供机械安装要求和电气性能指标，以便于机床制造厂选择合适的伺服电动机并且设计电动机在机床上的安装。在这些数据中，对伺服电动机的额定速度、额定转矩以及过载能力都有详细的描述。在机床选配伺服电动机时，要根据机床的设计性能指标，如进给轴的最高速度、加速度、主轴的功率和调速范围以及机床的实际应用条件，如被切削材料、加工工艺参数、使用的刀具等条件，来选择合适的伺服电动机；同时需要考虑该电动机的过载能力和过载的条件，并且要考虑机床传动系统的丝杠与伺服电动机转子的惯量匹配。如果不能选用合适的伺服电动机，则伺服电动机可能会长期运行在过载状态下，从而导致伺服电动机损坏，或机床的加速特性不能达到设计指标的要求。

更准确地说，伺服电动机选型的另一个依据是伺服电动机的工作制和定额。国标《通用用电设备配电设计规范》（GB 50055—2011）对电动机的工作制进行了明确的定义。伺服电动机的额定功率是以工作制为基准的。不同工作制的机械应选用相应定额的电动机。定额是由制造厂对符合指定条件的电动机所规定的，并在铭牌上标明电量和机械量的全部数值及其持续时间和顺序。工作制是电动机承受负载情况的说明，包括启动、电制动、空载、断能停转以及这些阶段的持续时间和顺序。

电动机的工作制分为9类：

① 连续工作制——S1。

② 短时工作制——S2。

③ 断续周期工作制——S3。

④ 包括启动的断续周期工作制——S4。

⑤ 包括电制动的断续周期工作制——S5。

⑥ 连续周期工作制——S6。

⑦ 包括电制动的连续周期工作制——S7。

⑧ 包括变速负载的连续周期工作制——S8。

⑨ 负载和转速非周期变化工作制——S9。

按此分类，连续工作制（S1）为恒定负载（运行时间足以达到热稳定），连续周期工作制（包括S6～S8）则为可变负载。

电动机的定额分为5类：

① 最大连续定额（cont或S1）。

② 短时定额（如S2 – 60 min）——持续运行时间为10 min、30 min、60 min或90 min。

③ 等效连续定额（equ）——制造厂为简化试验而做的规定，与S3～S9工作制一一等效。

④ 周期工作定额（如S3 – 40%）——工作制符合S3～S8之一，负载持续率为15%、25%、40%或60%，每一个周期为10 min。

⑤ 非周期定额（S9）。

对于工作在连续工作制的电动机，电动机绕组的平均温升也是影响电动机特性的技术指标。100 K 对应于根据温升等级 F 的应用，60 K 对应于基于温升等级 B 的应用。在下面的情况下应选用绕组温升为 60 K 的电动机：

① 出于安全考虑，内部温度必须低于 90 ℃。

② 当电动机的轴端温度对所连接的机械部件有负面影响时。

③ 电动机的其他数据均适用于 40 ℃ 环境或冷却介质的温度。

1. 关于进给轴的伺服电动机

图 3.9 描述了某型号伺服电动机的基本特性。可以看出，在额定转速范围内，伺服电动机可以输出基本恒定的转矩，另外伺服电动机具有很强的过载能力。在 S3 – 25% 的工作条件下，过载能力几乎达到 300%，但是过载运行的时间是有限制的，就是说所有伺服电动机的过载都是短时的。具体的过载时间范围，由伺服电动机的制造厂商根据电动机的工作制提供。图 3.9 只是某型号伺服电动机的特性实例，在实际选择伺服电动机时，有关过载的时间参数，应以所选用的伺服电动机的技术指标为准。

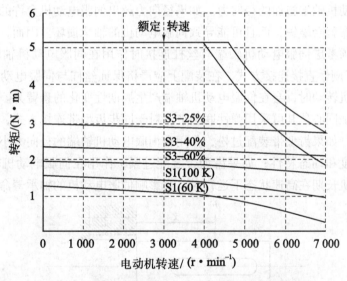

图 3.9　某型号伺服电动机的基本特性：转速—转矩图

（1）惯量匹配

在机床的机械设计完成后，我们需要根据各个坐标传动系统的机械数据以及该轴的设计指标来选择合适的伺服电动机。由于伺服电动机是在其恒转矩范围内工作，所以应首先按照各个坐标传动系统所需要的转矩来选择伺服电动机。每个坐标轴需要的转矩与工作台的质量、导轨的摩擦系数以及丝杠的惯量等参数相关，并且还需要考虑切削时需要的动力。在某些应用场合，根据上述条件选出的伺服电动机并不一定能够满足机床的性能指标。例如，用于模具加工的机床，不仅需要伺服电动机能够产生足够的转矩驱动机床的坐标轴，而且需要机床的各个坐标都具有非常高的加速特性。这时只考虑伺服电动机的转矩是不够的，还需要考虑伺服电动机转子与滚珠丝杠的惯量匹配问题以及电动机丝杠的连接方式。伺服电动机与丝杠的惯量是否匹配，将直接影响该坐标轴的加速度特性。如果电动机的惯量过小，尽管其转矩已经满足设计要求，但是机床坐标轴的加速度可能满足不了要求。如果丝杠和电动机转子不能做到惯量匹配，机床坐标轴的快速性就不能得到保证，对于用于模具加工的机床，其还可能影响工件加工的尺寸精度和表面粗糙度。

一般情况下，电动机惯量与丝杠惯量应满足以下关系：

$$电动机惯量 \geqslant 丝杠惯量/3$$

（2）伺服电动机的轴端受力

伺服电动机对其轴端的径向受力有严格的要求。图 3.10 描述了某型号伺服电动机轴端径向受力的定义。图中 F 为作用在电动机轴的径向力，x 为径向力作用在轴向的距离（单位：mm），l 为轴长度（单位：mm）。如图 3.11 所示为某型号伺服电动机轴端径向受力的技术指标。可以看出，伺服电动机的工作速度越高，其轴端允许的径向力越小。如果伺服电动机需要在 3 000 r/min 的速度下长时间运行，那么在机械设计上就需要考虑其轴端与丝杠的连接方式对电动机轴端施加的径向力。如果径向力超出伺服电动机允许的范围，伺服电动机轴承的使用寿命就会缩短，而且可能导致伺服电动机的轴承损坏。因而，在机床的设计和装配中，我们必须考虑伺服电动机轴端与丝杠连接时作用在伺服电动机轴端的悬臂力（或称径向力）。对于刚性直接连接方式，在装配上应严格保证丝杠与伺服电动机轴的同心，否则，在伺服电动机转动时，会在伺服电动机轴端产生周期性变化的悬臂力。如果在设计和装配上不能严格保证同心，其可采用弹性联轴节。对于同步齿型带连接方式，齿型带的装配会产生不同的结果：如果齿型带装配过松，作用在伺服电动机轴端的径向力小，但会影响机床坐标轴的定位精度和动态特性；如果齿型带装配过紧，作用在伺服电动机轴端的径向力过大，当伺服电动机长期在高速状态下运行时，会影响伺服电动机的轴承寿命。

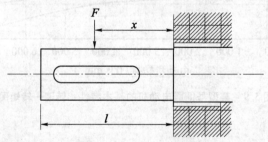

图 3.10　某型号伺服电动机轴端径向受力的定义

（3）伺服电动机的过载能力

众所周知，伺服电动机具有很强的过载能力，有些甚至可达 300% 的过载，但是伺服电动机的过载是有条件的，这个条件就是过载的时间限制。如图 3.12 所示为某型号伺服电动机在额定电流下工作时允许的过载能力，即峰值电流，如图 3.13 所示为某伺服电动机在零电流下工作时允许的过载能力。图中 I_n 为额定电流，I_{max} 为最大电流。驱动器对于允许的过载输出电流以及过载的时间都有严格的限制。

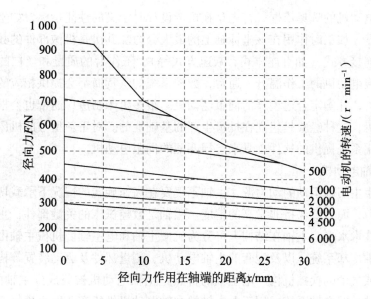

图 3.11 某型号伺服电动机轴端径向受力的技术指标

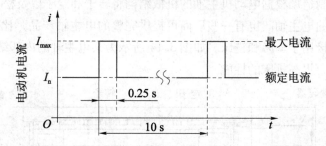

图 3.12 某型号伺服电动机的峰值电流（带预置负载）

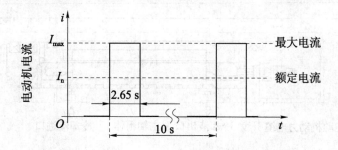

图 3.13 某型号伺服电动机的峰值电流（无预置负载）

假如在应用过程中驱动器出现了电流过载报警，则表明实际的电流已经超过了设定的过载极限和设定的过载时间。要想排除报警，就必须查明过载的原因。在没有任何根据的情况下，为了消除报警而放大过载极限和过载时间的做法都是错误的，错误的做法可能导致伺服电动机或驱动器的损坏。因此，在设计数控机床时，应根据机床的设计指标选择合适的伺服电动机，以避免伺服系统长期在过载状态下运行。

关于伺服电动机的选择依据，首先是在机床设计时定义的性能指标，如坐标轴的最高速度和最大加速度，加工时作用在该坐标轴上的最大分力。其次是机械部件的数据，如伺服电动机与丝杠的连接方式（如直连方式、减速方式等）、工作台的质量和丝杠的惯量等，另外还需要考虑伺服电动机的工作温升。通常，数控系统的供货商都会提供相应的工具软件，以用于计算和分析，并确定合适型号的伺服电动机。很多机床制造厂通常也会根据自己的经验选择伺服电动机，这种经验是建立在批量生产的基础上的。对于新型号的机床，我们需要精密计算，或利用系统提供的软件工具来选择匹配的伺服电动机。

2. 关于主轴电动机

主轴是产生主切削运动的动力源，主轴不仅要在高速旋转的情况下承载切削时传递的主轴电动机的动力，而且要保持非常高的精度。主轴是数控机床的关键部件，主轴的技术指标决定了机床的技术水平。主轴在结构上可分为机械主轴和电主轴。机械主轴由刀具的装夹机构、轴承、主轴冷却系统，以及配套的主轴电动机、测量部件及驱动装置等构成。有的主轴还配备了液压或气动的换挡机构。电主轴的特点是主轴电动机被集成到主轴的机械部件中，构成一个整体结构的主轴系统。用于电主轴的主轴电动机供货商一般只提供主轴电动机的转子和定子，由机床制造厂根据电动机主轴的机械结构将转子和定子以及松刀机构集成到主轴中，构成一个完整的电主轴。也有一些厂商可提供完整的电主轴产品，比如德国 WEIS 公司的电主轴系列可直接用于车床和铣床。如图 3.14 所示为某电主轴的内部结构。采用电主轴，可缩短机床传动链，提高机床的性能。

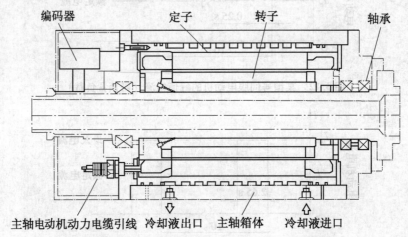

图 3.14　某电主轴的内部结构

本节只描述用于机械主轴的主轴电动机，介绍主轴电动机的性能和正确设计及使用方法，以避免主轴电动机在机床的使用过程中出现故障。

（1）主轴电动机的特性

在描述主轴特性的参数中，有一个重要的数据——额定转速。如图 3.15 所示为某型号 3.5 kW 主轴电动机的特性曲线。从特性曲线图中可以看出，当主轴的转速小于额定转速时，主轴工作在恒转矩区；当主轴的转速大于额定转速时，主轴工作在恒功率区。主轴的额定转速越低，表示主轴进入恒功率区的速度越慢。

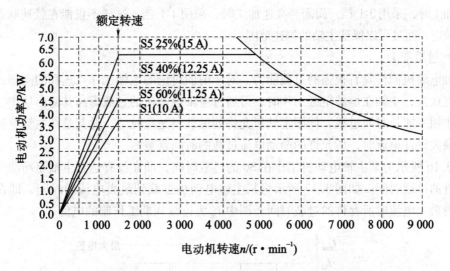

图3.15　某型号3.5 kW主轴电动机的特性曲线

（2）主轴的工作点

在设计机床时，需要根据机床切削的指标定义机床的技术指标。其中，主轴的输出功率和主轴的调速范围为关键的技术指标。例如，主轴的输出功率为3.5 kW，调速范围为1 500～8 000 r/min。

从图3.15所示的某型号主轴电动机的特性曲线可以看出，主轴与主轴电动机之间采用1∶1的直连方式，即可实现上述技术指标。虽然主轴电动机的速度可以在零速到标定的最大速度之间连续变化，但在额定输出功率下的调速范围为额定转速到最大转速。当主轴在低于额定转速下工作时，主轴的输出功率不能达到主轴电动机的额定功率。即使在低于额定转速的工作区，主轴电动机仍可以在过载的状态下运行，输出更高的功率，甚至输出功率可高于额定功率，但在过载的状态下主轴是不能长时间工作的。

因此，在数控机床的设计阶段，用户必须明确主轴的输出功率和调速范围等技术指标，否则用户在切削时可能出现由于主轴输出功率不够而造成的主轴"闷车"，从而不能完成用户加工程序中所要求的切削用量。以主轴与主轴电动机1∶1直连的机床为例，如果加工工艺要求主轴在500 r/min时进行切削，根据主轴电动机的特性曲线可知，此时主轴的实际输出功率只有额定功率的1/3。如果用户需要机床主轴在500 r/min下能够产生3.5 kW的输出功率，根据该主轴电动机的特性曲线，可确定在该转速下主轴电动机不能产生所需要的功率。这时就需要考虑更改机床的设计。方案一是主轴的机械结构不变，主轴与主轴电动机之间仍然采用1∶1直连方式，而选择另一型号的主轴电动机，使其在500 r/min下可以产生大于等于3.5 kW的输出功率。方案二是改变主轴的机械结构，增加主轴的减速机构。如采用3∶1的减速器，主轴电动机运转在1 500 r/min时就可以输出3.5 kW的功率，但是减速器会影响主轴的最高速度。如果主轴电动机的最高转速为 9 000 r/min，增加 3:1 的减速器后，主轴的最高转速只能达到 3 000 r/min，这时主轴的调速范围就变为 500 ~ 3 000 r/min。方案三是采用主轴换挡机构，需要低速加工时，采用3:1 挡，而需要高速加工时，采用1:1 挡。这样不仅能在低速状态下产生足够的转矩，而且可以保证主轴的调速范围。

（3）过载能力

主轴电动机同样具有很强的过载能力。对于前面讨论的主轴工作点选择的问题，有些错误的观点认为，主轴在恒转矩区工作时，可通过主轴电动机的过载提高其输出功率。这种观点忽视主轴不能长时间过载。伺服主轴所允许的过载只是短时的，尤其是在主轴电流达到驱动器的最大设计电流时，所允许的驱动电流过载的时间就更短。

图 3.16 所示为某主轴电动机工作在 S6 的过载时间，即在没有达到主轴驱动器最大电流时所允许的过载时间。如图 3.17 所示为某主轴电动机过载到最大电流的时间，即在达到主轴驱动器最大电流时所允许的过载时间。图中 I_{S6} 为连续周期工作制的电流。

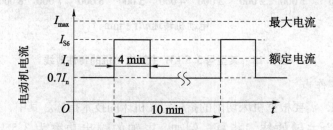

图 3.16　某主轴电动机工作在 S6 的过载时间

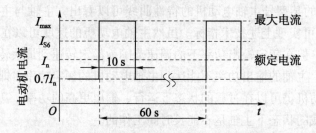

图 3.17　某主轴电动机过载到最大电流的时间

伺服主轴具有很强的过载能力，在使用过程中，过载是允许的，但是过载的时间是短暂的。在设计主轴的性能指标时，设计人员一定要正确地选择主轴的工作点。在数控机床出厂时，机床应为用户提供主轴的功率特性，以指导用户正确地使用主轴。机床的使用者也需要了解数控机床主轴的特性，以便在加工程序中正确地选择切削用量，从而保证主轴的输出功率被充分利用。

（4）轴端受力

由于主轴轴承的设计承载能力不同，主轴电动机对于不同速度下作用在其轴端的悬臂力有明确的要求。图 3.18 中的曲线描述了某型号主轴电动机在不同转速下所允许的最大悬臂力。如果施加在主轴电动机轴端的悬臂力大于允许值，将影响主轴电动机轴承的使用寿命，甚至可能导致主轴电动机轴断裂。因此，在主轴机械设计中我们要考虑主轴电动机的轴端悬臂力，并且在主轴电动机安装时，要保证施加在主轴轴端的悬臂力不大于设计指标。如果某机床主轴的设计指标要求主轴电动机长期在高速下运行，则在采购主轴电动机时应考虑选用增速型主轴电动机。

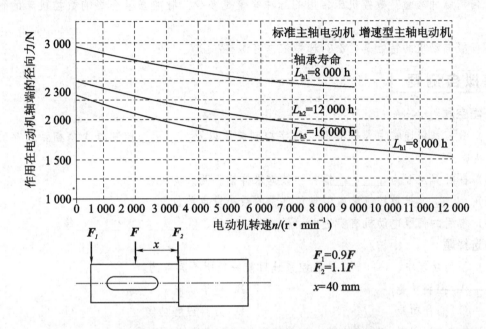

图 3.18　某型号主轴电动机允许的轴端最大悬臂力

（5）主轴总成的动平衡

在高速加工时，如果主轴的旋转部件不能做到动平衡，那么在高速旋转运动中其就会产生振动，从而影响加工质量。主轴部件不平衡的原因来自其运动部件的机械结构、材料的不均匀性和加工及装配的不一致性。而对于主轴电动机来说，其不平衡的问题来自其轴的安装形式。带有光轴的主轴电动机，在出厂时已经进行了平衡的调整，可以达到动平衡；而带键轴的主轴电动机，在出厂前也进行了全键平衡和半键平衡的调整。也就是说，主轴电动机在出厂时已经具备了动平衡的特性。

当主轴电动机的轴与皮带轮连接在一起后，其必须整体进行动平衡的调整，这样才能保证主轴电动机的轴在安装了皮带轮后仍然可以达到动态平衡。如果主轴在高速运行时，如主轴转速大于 3 000 r/min 时，产生了高频的振动，其原因必然是动平衡的问题。动平衡的问题只能通过机械调整消除。

（6）惯量匹配

主轴电动机与主轴的惯量匹配会影响主轴的加速特性，主轴的加速特性直接影响主轴的快速定向和高速攻丝加工等功能。如果主轴电动机通过减速器与主轴连接，在设计时也要考虑主轴电动机转子的惯量与负载（联轴节及减速器）惯量之间的匹配。

练习题

1. 数控系统由哪些部分组成？各部分的作用是什么？

2. 数控系统的特点有哪些？

3. 何谓脉冲当量？数控机床常用的脉冲当量是多少？脉冲当量会影响数控机床的什么性能？

4. 伺服电动机的特性是什么？选型依据有哪些？

模拟自测题

1. 填空题

（1）数控系统通常由人机界面、数字控制装置以及_____控制器3个相互依存的功能部件构成。

（2）插补算法分为_____插补和数据采样插补两大类。

（3）_____是数控机床数控轴位移量的最小设定单位。

（4）常用的伺服电动机有步进电动机、_____、_____、_____等。

2. 选择题

（1）下列功能中，（   ）是数控系统目前一般所不具备的。

    A. 控制功能　　　　　　　　　B. 进给功能

    C. 插补功能　　　　　　　　　D. 刀具刃磨功能

（2）（   ）是数控系统的核心，其体现数控系统的控制品质。

    A. 数字控制装置　　　　　　　B. 可编程控制器

    C. 伺服系统　　　　　　　　　D. 数控软件

（3）脉冲当量的取值越小，插补精度（   ）。

    A. 越高　　　　　　　　　　　B. 越低

    C. 与其无关　　　　　　　　　D. 不受影响

3. 简答题

（1）简述数控系统的主要功能。

（2）数控机床用 PLC 有哪些类型？各自的特点是什么？

（3）简述数控机床对伺服系统的要求。

（4）如何选择主轴电动机？

4 典型数控机床

1. 熟练掌握数控车床、数控铣床、加工中心的特点、分类，并了解其主要技术参数。
2. 掌握数控车床、数控铣床、加工中心的组成及布局。
3. 了解并联机床的概念及特点。
4. 掌握电火花加工的特点和基本原理。
5. 掌握数控电火花成型机床的组成和型号表示。
6. 掌握数控线切割加工的特点和基本原理。
7. 掌握数控线切割加工机床的组成和型号表示。
8. 了解 CJK6240 型数控车床和 XK5025 型数控铣床的主要技术规格和参数。

由于第 2 章已对数控机床的机械结构、位置检测装置等共性的问题做了比较深入的探讨，因此，本章在内容安排上，对数控车床、数控铣床、加工中心的机械结构不再一一进行介绍，而将重点放在对这三类数控机床的整体认识上，从其特点、分类、主要技术参数、组成及布局上进行重点讨论，对近年来出现的并联机床也做了介绍。对于电加工机床，包括数控电火花成型机床和数控线切割机床的介绍，本章则从其加工原理、型号表示及机床组成进行详细的讨论。通过本章的学习，学生对常见的数控加工设备将有一个比较完整的概念和认识。

4.1 数控车床

4.1.1 数控车床概述

数控车床主要用于车削加工，车床一般可以加工各种轴类、套筒类和盘类零件上的回转表面，如内外圆柱面、圆锥面、成型回转表面及螺纹面等；数控车床还可以加工高精度的曲面与端面螺纹。数控车床上所用的刀具主要是车刀、各种孔加工刀具（如钻头、铰刀、镗刀等）及螺纹刀具。其尺寸精度可达 IT5 ~ IT6，表面粗糙度 Ra 为 1.6 以下。

1. 数控车床的特点与发展趋势

数控车床与普通车床相比，有以下几个特点：

（1）高精度

数控车床控制系统的性能不断提高，机械结构不断完善，机床精度日益提高。

（2）高效率

随着新刀具材料的应用和机床结构的完善，数控车床的加工效率、主轴转速和传动功率都在不断地提高。这就使得新型数控车床的空运行时间大大缩短，其加工效率比普通车床高2~5 倍。加工零件形状越复杂，就越能体现出数控车床的高效率加工特点。

（3）高柔性

数控车床具有高柔性的特点，能适应 70% 以上的多品种、小批量零件的自动加工。

（4）高可靠性

随着数控系统性能的提高，数控车床的无故障时间也在迅速提高。

（5）工艺能力强

数控车床既能用于粗加工，又能用于精加工，可以在一次装夹中完成其全部或大部分工序。

（6）模块化设计

数控车床的制造多采用模块化设计。

数控车床技术在不断向前发展，其发展趋势如下：随着数控系统、机床结构和刀具材料技术的发展，数控车床将向高速化发展，以进一步提高主轴转速、刀架移动速度，以及转位、换刀速度；工艺和工序将更加复合化和集中化；数控车床将向多主轴、多刀架加工方向发展；为实现长时间无人化全自动操作，数控车床将向全自动化方向发展；数控车床的加工精度将向更高方向发展；同时，数控车床也向简易型发展。

2. 数控车床的分类

随着数控车床制造技术的不断发展，产品繁多、规格不一的局面形成，因而数控车床有几种不同的分类方法。按数控系统的功能不同，数控车床可分为以下几种：

（1）经济型数控车床

经济型数控车床如图 4.1 所示，它一般是在普通车床的基础上进行改进设计，并采用步进电动机驱动的开环伺服系统。其控制部分采用单板机、单片机或档次比较低的数控系统来实现控制。此类车床结构简单，价格低廉，但无刀尖圆弧半径自动补偿和恒线速度切削等功能。

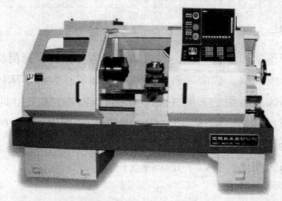

图 4.1 经济型数控车床（宝鸡机床集团有限公司生产的 CJK1640）

（2）全功能型数控车床

全功能型数控车床就是通常所说的"数控车床"，又称标准型数控车床，即其控制系统是标准型的，带有高分辨率的 CRT 显示器以及各种显示、图形仿真、刀具补偿等功能，而且具有通信或网络接口。全功能型数控车床采用闭环或半闭环控制的伺服系统，可以进行多个坐标轴的控制，并有高刚度、高精度和高效率等特点。如图 4.2 所示为全功能型数控车床。

图 4.2　全功能型数控车床（宝鸡机床集团有限公司生产的 CK7525）

（3）车削中心

车削中心是以全功能型数控车床为主体，并配置有刀库、换刀装置、分度装置、铣削动力头和机械手等，以实现多工序复合加工的机床。在工件一次装夹后，它可以完成回转类零件的车、铣、钻、铰、攻螺纹等多种加工工序。其功能全面，但价格较高。如图4.3 所示为车削中心。

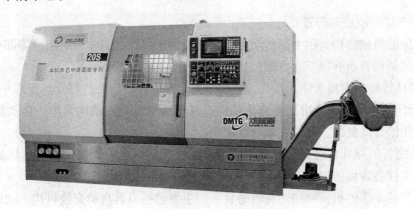

图 4.3　车削中心（大连机床有限责任公司生产的 DL－20S）

（4）FMC 车床

FMC 车床如图 4.4 所示，其实际上是一个由数控车床、机器人等构成的柔性加工单元，能实现工件搬运、装卸的自动化和加工调整准备的自动化。

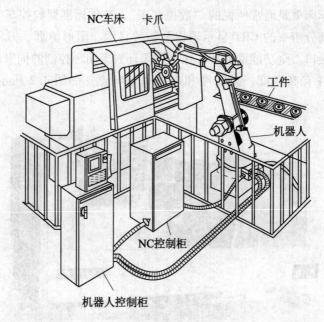

图 4.4 FMC 车床

该柔性加工单元以立式车削加工中心为主机，并配置了找正台、传递台、存储台和拖板系统。该柔性单元采用了工件自动测量和机内对刀装置，适用于零件种类变化大，单件或小批量的粗、精加工，尤其适用于复杂形状零件回转面的加工。柔性单元具有自动交换工作台，能适应自动化生产的需要。

4.1.2 数控车床的组成及布局

1. 数控车床的组成和配置

数控车床的机械结构，由主轴传动机构、进给传动机构、工作台、床身等部分组成。数控车床本体的结构特点有以下几方面：

① 采用高性能的主轴部件，具有传递功率大、刚度高、抗振性好及热变形小等优点。

② 进给伺服传动系统采用高性能传动件，具有传动链短、结构简单、传动精度高等特点，一般采用滚珠丝杠副、直线滚动导轨副等。

③ 有较完善的刀具自动交换和管理系统。工件在车床上一次安装后，车床能自动完成或接近完成工件各表面的加工工序。

另外，数控车床的机械结构还有辅助装置，主要包括刀具自动交换机构、润滑装置、切削液装置、排屑装置、过载与限位保护功能装置等。

如图 4.5 所示为数控车床的选择配置图，如图 4.6 所示为具有 8 工位的转塔式刀架。

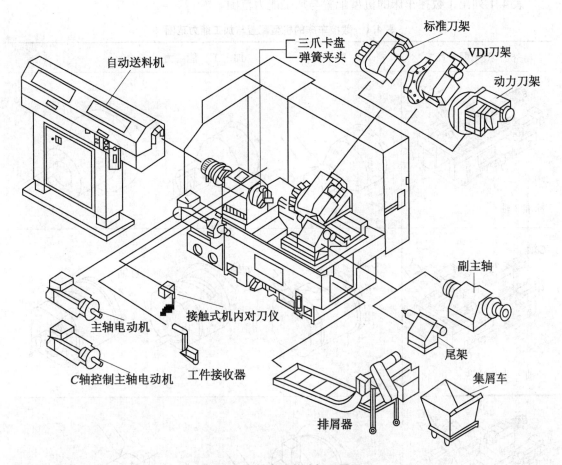

图 4.5　数控车床的选择配置图

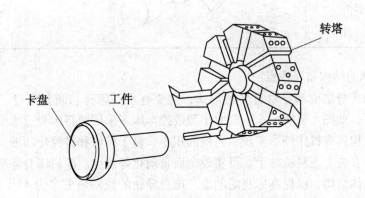

图 4.6　具有 8 工位的转塔式刀架

表 4.1 列出了数控车床的机型配置与加工能力范围。

表 4.1　数控车床的机型配置与加工能力范围

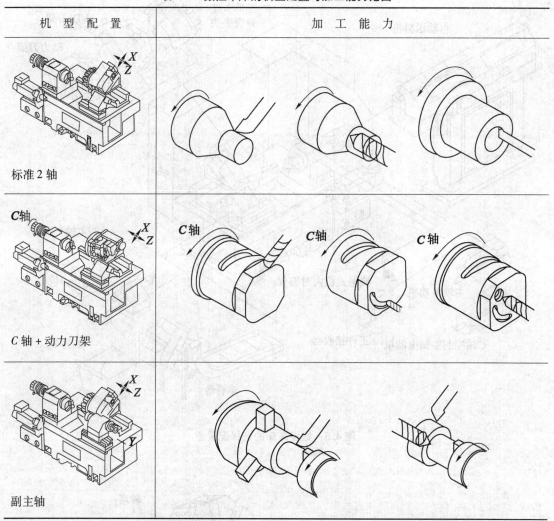

机 型 配 置	加 工 能 力
标准 2 轴	
C 轴 + 动力刀架	
副主轴	

2. 数控车床的结构布局特点

数控车床的床身结构和导轨有多种形式，主要有水平床身、倾斜床身、水平床身斜滑板、立式床身等，如图 4.7 所示。一般中小型数控车床多采用倾斜床身或水平床身斜滑板结构。这种布局结构具有机床外形美观、占地面积小、易于排屑和排流冷却液、便于操作者操作和观察、易于安装上下料机械手、可实现全面自动化等特点。倾斜床身还有一个优点是可采用封闭截面整体结构，以提高床身的刚度。床身导轨的倾斜角度多为 45°、60°和 70°，但倾斜角度太大会影响导轨的导向性及受力情况。水平床身的加工工艺性好，其刀架水平放置有利于提高刀架的运动精度，但这种结构床身下部空间小，排屑困难。床身导轨常采用宽支撑 V - 平形导轨，丝杠位于两导轨之间。

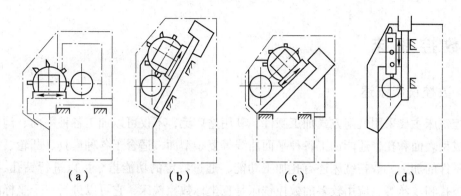

图 4.7 数控车床的结构布局

（a）水平床身；（b）倾斜床身；（c）水平床身斜滑板；（d）立式床身

数控车床多数采用自动回转刀架来夹持各种不同用途的刀具，受空间大小的限制，刀架的工位数量不可能太多，一般都采用 4 位、6 位、8 位、10 位或 12 位。

数控车削中心是在数控车床的基础上发展起来的，一般具有 C 轴控制（C 轴是绕主轴的回转轴，并与主轴互锁），在数控系统的控制下，实现 C 轴和 Z 轴的插补或 X 轴插补。其回转刀架还可安置动力刀具，使工件在一次装夹下，除完成一般车削外，还可以在工件的轴向或径向等部位进行钻、铣等加工。

4.1.3 CJK6240 型数控车床的主要技术参数

CJK6240 型数控车床配置有西门子公司的 SINUMERIK 802S 数控系统，由步进电动机驱动，带有四刀位自动回转刀架和可开闭式半封闭防护门，能完成内径、外径、切断、倒角、外圆柱面、任意锥面、圆弧面、端面和公/英制螺纹等各种车削加工，适合于多品种、中小批量产品的加工，对复杂异形面、加工精度要求高的零件更能显示其优越性。

数控机床的技术参数，反映了机床的性能及加工范围。表 4.2 列出了 CJK6240 型数控车床的主要技术参数。

表 4.2 CJK6240 型数控车床的主要技术参数

名　称	参　数	名　称	参　数
机床型号	CJK6240	刀架的最大 X 向行程	230 mm
数控系统	SINUMERIK 802S	刀架的最大 Z 向行程	850 mm
床身的最大回转直径	410 mm	主轴转速	12 级：32 ~ 2 000 r/min
最大车削直径	380 mm	进给速度	X 向：3 ~ 1 500 mm/min
滑板上的最大回转半径	180 mm		Z 向：6 ~ 3 000 mm/min
最大车削长度	850 mm	脉冲当量	X 向：0.005
刀架工位数	4（回转式）		Z 向：0.01

4.2 数控铣床

4.2.1 数控铣床概述

数控铣床主要采用铣削方式加工工件，其用途广泛，不仅可以加工各种平面、沟槽、螺旋槽、成型表面和孔，还能加工各种平面曲线等复杂型面，适合于各种模具、凸轮、板类及箱体类零件的加工。数控铣床还有孔加工功能，通过特定的功能指令可以进行钻孔、扩孔、铰孔、镗孔和攻丝等。应用较多的数控铣床是三坐标数控铣床，它可以进行三个坐标的联动加工。还有相当部分的铣床采用二坐标半控制（三个坐标系的任何两个坐标可以联动加工）。另外，在数控铣床上附加一个数控回转工作台（或数控分度头），就相当于增加了一个坐标，这样可以扩大加工的范围。

1. 数控铣床的功能特点

由于各类数控系统不同，其功能也不相同，数控铣床除具有各自的特点以外，还常具有以下相同功能：

（1）点位控制功能

利用此功能，数控铣床可以进行只需要做点位控制的钻孔、扩孔、锪孔、铰孔和镗孔等加工。

（2）连续（轮廓）控制功能

利用此功能，数控铣床通过直线与圆弧插补，可以实现对刀具运动轨迹的连续（轮廓）控制，从而加工出由直线和圆弧两种几何要素构成的平面轮廓工件以及一些空间曲面。

（3）刀具半径自动补偿功能

在编程时，利用此功能可以很方便地按照工件的实际轮廓形状和尺寸进行编程计算，而加工中可以使刀具中心自动偏离工件轮廓一个刀具半径，从而加工出符合要求的轮廓表面。通过改变刀具半径补偿值的正负，此功能还可以用同一加工程序加工某些需要相互配合的工件（如相互配合的凹凸模）。

（4）刀具长度自动补偿功能

利用此功能，可以自动改变切削平面的高度，降低制造与返修时对刀具长度尺寸的精度要求，还可以弥补轴向对刀误差。

（5）镜像加工功能

对于轴对称形状的零件，利用此功能，只需要编出零件对称轴一半或一侧形状的加工程序就可以完成全部加工。

（6）固定循环功能

为简化加工时出现多次重复的基本动作，利用固定循环功能可专门设计一个子程序，在需要时调用该子程序来完成所重复的基本动作。

（7）特殊功能

例如，数控仿形加工等。

2. 数控铣床的分类

（1）按机床主轴的布置形式及机床的布局特点分类

按机床主轴的布置形式及机床的布局特点，数控铣床通常可分为立式、卧式和立卧两用式 3 种。

① 立式数控铣床。立式数控铣床的主轴轴线垂直于水平面，是数控铣床中最常见的一种布局形式，应用范围最广泛，其中以三轴联动铣床居多。立式数控铣床主要用于水平面内的型面加工，增加数控分度头后，可在圆柱表面上加工曲线沟槽，立式数控铣床如图 4.8 所示。

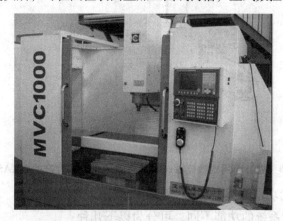

图 4.8　立式数控铣床（宝鸡机床集团有限公司生产的 MVC1000）

② 卧式数控铣床。卧式数控铣床的主轴线平行于水平面，主要用于垂直平面内的各种型面加工，配置万能数控转盘后，还可以对工件侧面上的连续回转轮廓进行加工，并能在一次安装后加工箱体零件的 4 个表面。卧式数控铣床通常采用增加数控转盘来实现四轴或五轴加工，卧式数控铣床如图 4.9 所示。

图 4.9　卧式数控铣床（沈阳机床股份有限公司生产的 TPX611B）

③ 立卧两用式数控铣床。立卧两用式数控铣床的主轴轴线方向可以变换，既可以进行立式加工，又可以进行卧式加工，使用范围更大，功能更强。若其采用数控万能主轴（主轴头可以任意转换方向），就可以加工出与水平面成各种角度的工件表面；若其采用数控回转工作台，还能对工件实现除定位面外的五面加工。立卧两用式数控铣床如图 4.10 所示。

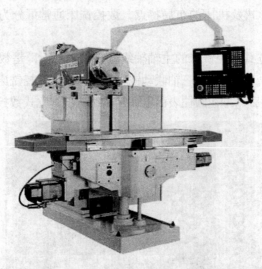

图 4.10　立卧两用式数控铣床（北京第一机床厂生产的 XKA5750）

（2）按数控系统的功能分类

数控铣床按其数控系统的功能不同，可分为以下几种：

① 简易型数控铣床。简易型数控铣床是在普通铣床的基础上，对机床的机械传动结构进行简单的改造，并增加简易数控系统后形成的。这种数控铣床成本较低，自动化程度和功能都较差，一般只有 X、Y 两坐标联动功能，加工精度也不高，可以加工平面曲线类和平面型腔类零件。

② 普通数控铣床。普通数控铣床可以三坐标联动，用于各类复杂的平面、曲面和壳体类零件的加工，如各种模具、样板、凸轮和连杆等。

③ 数控仿形铣床。数控仿形铣床主要用于各种复杂型腔模具或工件的铣削加工，尤其是对不规则三维曲面和复杂边界构成的工件，更能显示出其优越性。

④ 数控工具铣床。数控工具铣床是在普通工具铣床的基础上，对机床的机械传动系统进行改造，并增加了数控系统后形成的，数控工具铣床的功能大大增强。这种铣床适用于各种工装、刀具对各类复杂的平面、曲面零件的加工。

4.2.2　数控铣床的组成及布局

1. 数控铣床的组成

数控铣床的机械结构，除铣床基础部件外，由下列各部分组成：主传动系统；进给系统；实现工件回转、定位的装置和附件；实现某些部件动作和辅助功能的系统和装置，如液压、气动、润滑、冷却等系统，以及排屑、防护等装置；刀架或自动换刀装置（ATC）；自动托盘交换装置（Automatic Pallet Changer，APC）；特殊功能装置，如刀具破损监控、精度检测和监控装置；完成自动化控制功能的各种反馈信号装置及元件。

铣床基础部件称为铣床大件，通常是指床身、底座、立柱、横梁、滑座、工作台等。它是整台铣床的基础和框架。铣床的其他零部件，或者固定在基础部件上，或者工作时在其导轨上运动。其他机械结构的组成则按铣床的功能需要选用。如一般的数控铣床，除基础部件外，还有主传动系统、进给系统，以及液压、润滑、冷却等其他辅助装置，这是数控铣床机械结构的基本构成。加工中心则至少还应有 ATC，有的还有双工位 APC 等。柔性制造单元（FMC）除 ATC 外，还带有工位数较多的 APC，有的还配有用于上下料的工业机器人。

数控铣床可根据自动化程度、可靠性要求和特殊功能需要，选用各类破损监控装置、铣床与工件精度检测装置、补偿装置和附件等。

2. 数控铣床的布局

（1）工件的质量和尺寸与布局的关系

由于数控铣床加工中需要的运动仅仅是相对运动，因此，对部件的运动分配可以有多种方案。如图 4.11 所示为数控铣床总体布局示意图，用于铣削加工的铣床，根据工件质量和尺寸的不同，可以有 4 种不同的布局方案。

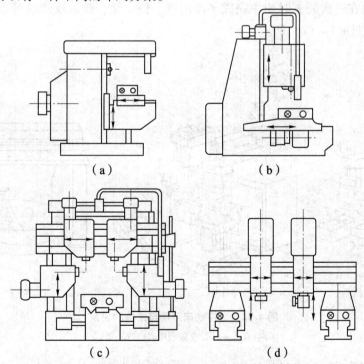

（a）　　　　　　　　　　（b）

（c）　　　　　　　　　　（d）

图 4.11　数控铣床总体布局示意图

（a）工件进给运动的升降台铣床；（b）铣头垂直进给运动的升降台铣床；
（c）工件一个方向进给运动的龙门式数控铣床；（d）铣头垂直进给运动的龙门式数控铣床

如图 4.11（a）所示为工件进给运动的升降台铣床，分别由工作台、滑鞍和升降台来实现工件 3 个方向的进给运动。当加工工件较重或者尺寸较大时，则不宜由升降台带着工件进行垂直方向的进给运动，而是由铣头带着刀具来完成垂直进给运动，如图 4.11（b）所示。这种布局方案，铣床的尺寸参数即加工尺寸范围可以取得大一些。如图 4.11（c）所示为龙门式数控铣床，其工作台载着工件进行一个方向上的进给运动，其他两个方向的进给运动由多个刀架即铣头部件在立柱与横梁上的移动来完成。这样的布局不仅适用于质量大的工件加工，而且由于增加了铣头，铣床的生产率得到了很大的提高。当加工更大、更重的工件时，由工件进行进给运动在结构上是难于实现的，因此采用如图 4.11（d）所示的布局方案，全部进给运动均由铣头运动来完成。这种布局形式可以减小铣床的结构尺寸和质量。

（2）运动的分配与部件的布局

数控铣床的运动数目，尤其是进给运动数目的多少，直接与表面成型运动和铣床的加工功能相关。运动的分配与部件的布局是铣床总布局的中心问题。以数控铣床为例，它一般有 4 个进给运动的部件，要根据加工的需要来配置这 4 个进给运动部件。如果工件的顶面需要进行加工，则铣床主轴应布局成立式的，如图 4.12（a）所示，在 3 个直线进给坐标之外，再在工作台上加一个既可立式也可卧式安装的数控转台或分度工作台作为附件。如果工件的多个侧面需要进行加工，则主轴应布局成卧式的，同样是在 3 个直线进给坐标之外再加一个数控转台，以便在一次装夹时集中完成多面的铣、镗、钻、铰、攻螺纹等多工序加工，如图 4.12（b）和图 4.12（c）所示。

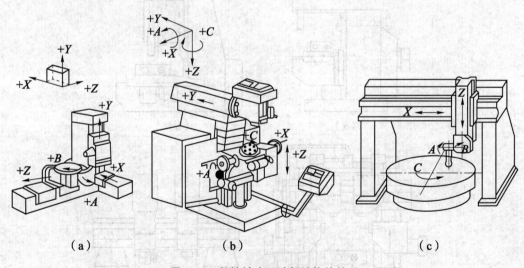

图 4.12　数控铣床运动与结构的关系

（a）立式；（b）立卧两用式；（c）卧式

（3）数控铣床的布局与结构性能

数控铣床的布局应能兼顾铣床的结构性能，使其具有良好的精度、刚度、抗振性和热稳定性等结构性能。如图 4.13 所示为数控铣床的布局与结构性能的关系，几种数控卧式铣床的运动要求与加工功能是相同的，但因结构的总体布局各不相同，所以其结构性能是有差异的。

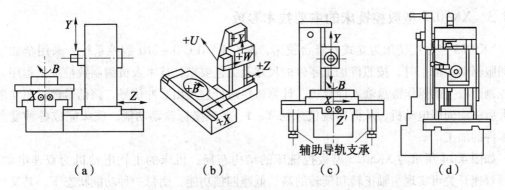

图 4.13　数控铣床的布局与结构性能的关系

（a）立柱和 X 向横床身对称的 T 形床身布局；（b）立柱偏在 Z 向滑板中心一侧的 T 形床身布局；

（c）立柱偏在 Z 向滑板中心一侧的十字形工作台布局；（d）立柱和 X 向横床身对称的十字形工作台布局

图 4.13（a）与图 4.13（b）的方案采用了 T 形床身布局，前床身横置并与主轴轴线垂直，立柱带着主轴箱一起做 Z 坐标进给运动，主轴箱在立柱上做 Y 向进给运动。T 形床身布局的优点：工作台沿前床身方向做 X 坐标进给运动，在全部行程范围内，工作台均可支承在床身上，故刚性较好，提高了工作台的承载能力，易于保证加工精度；工作台有较长的工作行程，其床身、工作台及数控转台为三层结构，在相同的台面高度下，比图 4.13（c）和图 4.13（d）十字形工作台的四层结构更易于保证大件的结构刚性。在图 4.13（c）和图 4.13（d）所示的十字形工作台的布局方案中，当工作台带着数控转台在横向（X 向）做大距离移动和下滑板做 Z 向进给时，Z 向床身的一条导轨要承受很大的偏载，而在图 4.13（a）和图 4.13（b）中就没有这一问题。

在图 4.13（a）和图 4.13（d）中，主轴箱装在框式立柱中间，设计成对称形结构；在图 4.13（b）和图 4.13（c）中，主轴箱悬挂在单立柱的一侧。从受力变形和热稳定性的角度分析，这两种方案是不同的：框式立柱布局要比单柱布局少承受一个扭转力矩和一个弯曲力矩，因而受力后变形小，有利于提高加工精度；框式立柱布局的受热与热变形是对称的，因此，其热变形对加工精度的影响小。因此，一般数控镗铣床和自动换刀数控镗铣床大都采用这种框式立柱的结构形式。在这 4 种布局方案中，都应该使主轴中心线与 Z 向进给丝杠布置在同一个平面 YOZ 内，这样就可以使丝杠的进给驱动力与主切削抗力在同一个平面内，因而扭曲力矩很小，容易保证铣削精度和镗加工的平行度。但是在图 4.13（b）和图 4.13（c）中，立柱将偏在 Z 向滑板中心的一侧，而在图 4.13（a）和图 4.13（d）中，立柱和 X 向横床身是对称的。立柱带着主轴箱做 Z 向进给运动的优点是能使数控转台、工作台和床身为三层结构。但是当铣床的尺寸规格较大，立柱较高、较重时，再加上主轴箱部件，将使 Z 轴进给的驱动功率增大，而且立柱过高时，部件移动的稳定性将变差。

综上所述，在加工功能与运动要求相同的条件下，数控铣床的总体布局方案是多种多样的，以铣床的刚度、抗振性和热稳定性等结构性能作为评价指标，可以判别出布局方案的优劣。

4.2.3　XK5025 型数控铣床的主要技术参数

XK5025 型数控铣床为立式升降台铣床，配有 FANUC 0 – MD 数控系统，采用全数字交流伺服驱动。加工时，按照待加工零件的尺寸及工艺要求，技术人员编制数控加工程序，通过控制面板上的操作键盘输入计算机，计算机经过处理发出脉冲信号，该信号经过驱动单元放大后驱动伺服电动机，从而实现铣床的 X、Y、Z 三坐标联动功能，铣床完成各种复杂形状零件的加工。

如图 4.14 所示为 XK5025 型数控铣床的结构布局，机床的主轴电动机为双速电动机，通过双速开关可实现主轴正转和反转的高、低速四挡功能，而每一种功能状态下，其又可通过机械齿轮变速达到调速的目的。

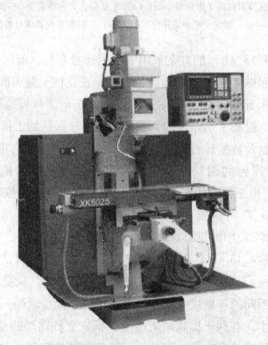

图 4.14　XK5025 型数控铣床的结构布局

XK5025 型数控铣床适用于多品种、小批量零件的加工，尤其是各种复杂曲线上的凸轮、样板、弧形槽等零件的加工。XK5025 型数控铣床为三坐标数控铣床，驱动采用精度高、可靠性好、输出力矩大、高速和低速性能均好的全数字交流伺服电动机，其系统具备手动回机械零点功能、刀具半径补偿和长度补偿功能、零点偏置量功能，可以建立多工件坐标系，实现多工件的同时加工，而且空行程可采用快速方式。其系统的主要操作均在键盘和控制面板上进行，面板上的 9″CRT 显示屏可实时提供各种系统信息，如编程、操作、参数和图像，每一种功能下具备多种子功能，可以进行后台编辑。

机床的主要技术参数包括以下几方面：

（1）工作台

工作台面积（宽×长）：	250 mm×1 120 mm
工作台纵向行程：	680 mm
工作台横向行程：	350 mm
升降台垂向行程：	400 mm
工作台允许的最大承载：	250 kg

（2）主轴

主轴孔的锥度：		ISO 30#（7∶24）
主轴套筒行程：		130 mm
主轴套筒直径：		85.725 mm
主轴转速范围：	有级	65～4 750 r/min
	无级	60～3 500 r/min
主轴中心至床身导轨面的距离：		360 mm
主轴端面至工作台面的高度：		30～430 mm

（3）进给速度

铣削进给速度范围：	0～0.35 m/min
快速移动速度：	2.5 m/min

（4）精度

分辨率（脉冲当量）：	0.001 mm
定位精度：	±0.013 mm/（300 mm）
重复定位精度：	±0.005 mm
主轴电动机容量：	（3相）2.2 kW

4.3　加工中心

4.3.1　加工中心概述

1. 加工中心的特点和用途

加工中心又称多工序自动换刀数控机床，是当今世界上产量大，在现代机械制造业中使用广泛的一种功能较全的金属切削加工设备。

加工中心综合现代控制技术、计算机应用技术、精密测量技术以及机床设计与制造等方面的最新成就，具有较高的科技含量。与普通机床相比，它简化了机械结构，加强了数字控制功能，成为众多数控加工设备的典型。

加工中心集中金属切削设备的优势，具备多种工艺手段，能实现工件一次装夹后的铣、镗、钻、铰、锪、攻螺纹等综合加工，对中等加工难度的批量工件，其生产率是普通设备的5~10倍，而且其节省工装，调换工艺时能体现出相对的柔性。加工中心对形状较复杂、精度要求高的单件加工或中小批量生产更为适用。

加工中心的控制系统功能较多，机床运动至少用3个运动坐标轴，多的达十几个轴。其控制功能最少为两轴联动控制，以实现刀具运动直线插补和圆弧插补；多的可进行五轴联动、六轴联动，以完成更复杂曲面的加工。加工中心还具有各种辅助机能，如加工固定循环、刀具半径自动补偿、刀具长度自动补偿、刀具破损报警、刀具寿命管理、过载超程自动保护、丝杠螺距误差补偿、丝杠间隙补偿、故障自动诊断、工件与加工过程图形显示、人机对话、工件在线检测、离线编程等功能，这些功能对提高设备的加工效率，保证产品的加工精度和质量等都起到了保证作用。

加工中心的突出特征是设置有刀库，刀库中存放着各种刀具或检具，在加工过程中由程序自动选用和更换，这是它与数控铣床、数控镗床的主要区别。

加工中心在机械制造领域承担着精密、复杂的多任务加工，按给定的工艺指令自动加工出所需几何形状的工件，完成大量人工直接操作普通设备所不能胜任的加工工作，现代化机械制造工厂已经离不开加工中心。

加工中心既可以单机使用，也能在计算机辅助控制下多台机同时使用，构成柔性生产线，它还可以与工业机器人、立体仓库等组合成无人化工厂。随着21世纪现代制造业技术的发展，机械加工的工艺与装备在数字化的基础上正向智能化、信息化、网络化方向迈进，而作为前沿工艺装备的大量先进数控设备取代传统机加工设备将是必然趋势，加工中心当属重要的成员。

加工中心的造价较高，使用成本也高。在正常情况下，加工中心能创造高产值，但无论是设备自身造成的意外停机，还是人为造成的事故停机，都会造成较大的浪费。

2. 加工中心的分类

加工中心的综合功能极强，而且不同类型的机床功能相互交叉，分类方式也非常多，目前大致可按以下几种方式分类：

（1）按主轴在加工时的空间位置进行分类

① 卧式加工中心。卧式加工中心的主轴轴线为水平设置。卧式加工中心又分为固定立柱式和固定工作台式。固定立柱式卧式加工中心的主柱不动，主轴箱在立柱上做上下移动，而装夹工件的工作台在平面上运动，如图4.15（a）所示。固定工作台式（也称动柱式）卧式加工中心，装夹工件的工作台固定不动，以主柱和主轴箱的一起移动来实现3个坐标的运动及定位，如图4.15（b）所示。

卧式加工中心具有3~5个运动坐标。常见的运动坐标是3个直线运动坐标加1个回转运动坐标（回转工作台），卧式加工中心能在工件一次装夹后完成除安装面和顶面以外的其余4个面的加工，最适合加工箱体类零件。

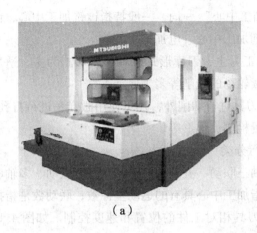
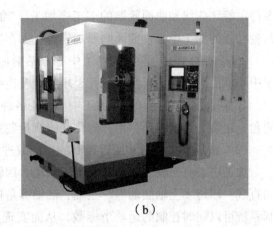

（a）　　　　　　　　　　　　　　　（b）

图 4. 15　卧式加工中心

（a）三菱重工生产的固定立柱式卧式加工中心；（b）济南机床有限公司生产的固定工作台式卧式加工中心

② 立式加工中心。立式加工中心主轴的轴线为垂直设置。立式加工中心多为固定主柱式，工作台为十字滑台方式，一般具有 3 个直线运动坐标，也可以在工作台上安装一个水平轴（第四轴）的数控转台，用来加工螺旋线类零件。立式加工中心适合于加工盘类零件，配合各种附件后，可满足各种零件的加工，如图 4. 16 所示。

③ 五面加工中心。五面加工中心具有立式和卧式加工中心的功能，通过回转工作台的旋转和主轴头的旋转，能在工件一次装夹后完成除安装面以外的所有 5 个面的加工。这种加工方式可以使工件的形位误差降到最低，省去二次装夹的工装，能提高生产率，降低加工成本。

大型龙门加工中心的主轴多为垂直设置，并且主轴头能旋转，其特别适合加工大型、形状复杂的零件，如图 4. 17 所示。

图 4. 16　立式加工中心　　　　　　　　**图 4. 17　大型龙门加工中心**

（2）按功能特征进行分类

① 镗铣加工中心。镗铣加工中心以镗、铣加工为主，适用于箱体、壳体以及各种复杂

零件的特殊曲线和曲面轮廓的多工序加工。"加工中心"一词，一般特指镗铣加工中心，而其他功能的加工中心，前面则要加定语，如车削加工中心、电加工中心等。

② 钻削加工中心。钻削加工中心以钻削加工为主，刀库形式以转塔头形式为主，适用于中小零件的钻孔、扩孔、铰孔、攻螺纹及连续轮廓的铣削等多工序加工。

③ 复合加工中心。复合加工中心除用各种刀具进行切削外，还可使用激光头进行打孔、清角，用磨头磨削内孔，用智能化在线测量装置检测、仿形等。

（3）按运动坐标数和同时控制的坐标数进行分类

加工中心有三轴二联动、三轴三联动、四轴三联动、五轴四联动、六轴五联动、多轴联动直线＋回转＋主轴摆动等。三轴、四轴等是指加工中心具有的运动坐标数；联动数是指控制系统可以同时控制的运动坐标数，从而实现刀具相对工件的位置和速度控制。如图 4.18 所示为五轴联动加工中心。

（4）按工作台的数量和功能进行分类

按工作台的数量和功能分，加工中心有单工作台加工中心、双工作台加工中心和多工作台加工中心，如图 4.19 所示为双工作台加工中心。

（5）按主轴种类进行分类

按主轴种类分，加工中心有单轴加工中心、双轴加工中心、三轴加工中心和可换主轴箱的加工中心。

图 4.18　五轴联动加工中心

图 4.19　双工作台加工中心

（6）按加工精度进行分类

按加工精度分，加工中心有普通加工中心和高精度加工中心。普通加工中心，分辨率为 $1~\mu m$，最大进给速度为 $15\sim25~m/min$，定位精度为 $10~\mu m$ 左右。高精度加工中心，分辨率为 $0.1~\mu m$，最大进给速度为 $15\sim100~m/min$，定位精度为 $2~\mu m$ 左右。定位精度介于 $2\sim10~\mu m$，以 $\pm5~\mu m$ 较多，可称为精密级。

（7）按自动换刀装置进行分类

① 转塔头加工中心。转塔头加工中心有立式和卧式两种，用转塔的转位来换主轴头，以实现自动换刀。主轴数一般为 6～12 个，换刀时间短，主轴转塔头定位精度要求较高。

② 刀库+主轴换刀加工中心。这种加工中心是无机械手式主轴换刀，利用工作台的运动及刀库的转动，并由主轴箱上下运动，进行选刀和换刀。

③ 刀库+机械手+主轴换刀加工中心。这种加工中心结构多种多样，由于机械手可同时分别抓住刀库上所选的刀和主轴上的刀，换刀时间短，并且选刀时间与机加工时间重合，因此得到广泛应用。

④ 刀库+机械手+双主轴转塔头加工中心。这种加工中心在主轴上的刀具进行切削时，可通过机械手将下一步所用的刀具换在转塔头的非切削主轴上，当主轴上的刀具切削完毕后，转塔头即回转，完成换刀动作，因而换刀时间短。

4.3.2　加工中心的组成及布局

从加工中心的分类可以看出，加工中心的结构和外形有很大的差别，布局形式各种各样，但主要由以下几大部分组成：

1. 基础部件

基础部件一般指床身、立柱和工作台，它们是组成加工中心的结构基础。这些大件是铸铁件或焊接的钢结构件，在加工中心中，它们的质量和体积最大。由于它们要承受加工中心的静负荷以及加工时的切削负载，因此对其刚度的要求很高。

2. 主轴部件

主轴部件一般由主轴箱、主轴电动机、主轴和主轴轴承等零件组成，其启动、停止和速度变化等均由数控系统控制，并通过装在主轴上的刀具参与切削运动，是切削加工的功率输出部件。主轴是加工中心的关键部件，其结构特征直接关系到加工中心的使用性能。

3. 数控（NC）系统

单台加工中心的数控系统由数控装置、可编程序控制器、伺服驱动装置及电动机等部分组成，它们是加工中心进行加工过程控制和执行顺序动作的控制中心。

4. 自动换刀（ATC）系统

自动换刀系统由刀库、机械手等部件组成。刀库是存放加工过程中所要使用的全部刀具的装置。当需要换刀时，根据数控系统的指令，由机械手或其他装置将刀具从刀库中取出装入主轴孔中。刀库有盘式、鼓式和链式多种形式，容量从几把到几百把。机械手的结构根据刀库与主轴的相对位置及结构的不同也有各种形式，如单臂式、双臂式、回转式和轨道式等，有的加工中心不用机械手，而利用主轴箱或刀库的移动来实现直接换刀。

5. 辅助系统

辅助系统包括润滑、冷却、排屑、防护、液压和随机检测系统等。辅助系统虽不直接参与切削运动，但对加工中心的加工效率、加工精度和可靠性起保证作用，也是加工中心不可缺少的部分。

6. 自动托盘交换（APC）系统

为缩短非切削时间，有的加工中心配有两个自动交换工件的托盘，一个托盘在工作台上加工，另一个托盘位于工作台外进行装卸工件，当完成一个托盘上工件的加工后，托盘便自动交换，进行新的工件加工，以减少辅助时间，提高加工效率。

加工中心的布局由于内容繁多，在分类时已经有所介绍，这里就不再一一讲述。

4.3.3　FV-800型加工中心的主要技术参数

由于加工中心种类繁多，本节以友嘉FV-800型立式数控加工中心（见图4.20）为例，介绍其技术参数等。友嘉FV-800型立式数控加工中心是一台具有自动换刀装置的中小型立式镗铣类加工中心。该加工中心采用FANUC-OMA型数控系统。

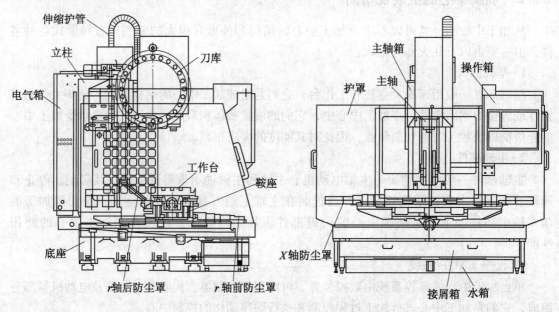

图4.20　FV-800型立式数控加工中心布局图

在FV-800型立式数控加工中心上，工件一次装夹后，该加工中心可以自动连续地完成铣、钻、铰、扩、锪、攻螺纹等多种工序的加工，所以其适合中小型板类、盘类、箱体类、模具等零件的多品种、小批量和单一产品的成批生产。使用该机床加工中小批量的复杂零件，一方面可以节省在普通机床上加工所需的大量工艺准备，缩短生产准备周期；另一方面能够确保工件的加工质量，提高生产率。

友嘉FV-800型立式数控加工中心的主要技术参数见表4.3。

表 4.3   友嘉 FV – 800 型立式数控加工中心的主要技术参数

行　程	X 轴行程	800 mm
	Y 轴行程	500 mm
	Z 轴行程	505 mm
	主轴下端距工作台面的距离	100 ~ 605 mm
	主轴中心至主柱轨道面的距离	480 mm
	工作台面至地面的距离	900 mm
	工作台面中心至立柱轨道面的距离	255 ~ 755 mm
工作台	工作台面积	425 mm × 950 mm
	工作台最大载荷	5 000 N
	T 形槽（宽 × 槽数 × 间距）	18 mm × 3 × 100 mm
主　轴	主轴转速	50 ~ 8 000 r/min
	主轴孔的锥度	7 : 24
	主轴直径	70 mm
	主轴电动机功率	9 kW
进　给	X 轴快速进给速度	24 m/min
	Y 轴快速进给速度	24 m/min
	Z 轴快速进给速度	15 m/min
自动换刀	刀具数量/把	24
	刀柄螺栓	P – 40T（45°）
	最大刀具质量	7 kg
	最大刀具长度	250 mm
	最大刀具直径（相邻两刀）	80 mm
	最大刀具直径	150 mm
	换刀时间（刀对刀）	4 s
	换刀时间（点对点）	7.5 s
其他参数	占地面积（长 × 宽）	2 435 mm × 2 178 mm
	机器的质量（净重）	5 000 kg
	最大机器高度	2 735 mm
	电力容量	15 kVA
	气压压力	0.6 ~ 0.8 MPa

4.4 并联机床

4.4.1 并联机床概述

并联机床是一种全新概念的机床，它与传统的机床相比，在机床的机构、本质上有了巨大的飞跃，有许多优异的性能。它的出现是机床发展史上的一次重大变革。

在1994年9月美国芝加哥国际制造技术展览会上，美国 Giddings & Lewis 公司推出的 Variax 加工中心，如图4.21所示，其以全新的结构、奇异的造型、独特的工作方式和极高的轮廓加工速度轰动了展览会，同时引起了整个机械制造业的关注，被称为"21世纪机床设计的首次革命性变革"，是"21世纪的机床"，是"未来的机床"。

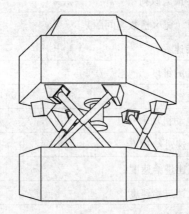

图4.21 美国 Giddings & Lewis 公司推出的 Variax 加工中心

在并联机床上，人们看不到传统机床的床身、导轨、立柱和横梁等构件，它的基本结构是一种空间并联连杆机构。人们将这种机构称为 Stewart 平台，如图4.22所示。

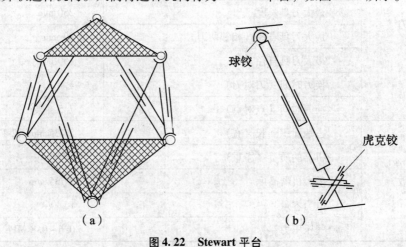

（a） （b）

图4.22 Stewart 平台

（a）整体结构；（b）驱动杆结构

106

Stewart 平台最初被设计为飞行模拟机时，人们就已提出了在机床上采用这种结构的可能性。但由于机床对运动轨迹的精度有极高的要求，其需要采用高性能计算机进行运动控制，而当时可以满足这些要求的计算机价格极其昂贵，使得有此想法的人们望而却步。

1. 传统机床的串联机构

一般传统机床可看作一个空间串联机构，如图 4.23 所示。它的横梁、立柱等部件往往承受弯曲载荷，而弯曲载荷一般要比拉压载荷造成更大的应力和变形，因此，为了提高机床刚性，传统机床必须采用大截面的构件。另外，当机床运动自由度增多时，需增加相应的串联运动链，从而使机床的机械结构变得十分复杂。

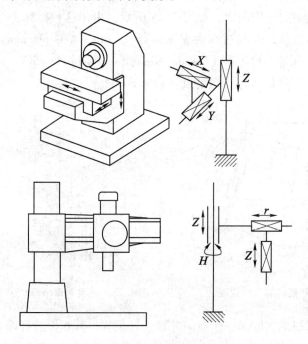

图 4.23 典型传统机床的结构

传统的机床从基座（床身）至末端运动部件，经过床身到滑座（在床身上做 X 轴运动），滑座到立柱（在滑座上做 Y 轴运动），立柱到主轴箱（在立柱上做 Z 轴运动）的先后顺序，是逐级串联相连接的。因此，当滑座做 X 轴运动时，滑座上的 Y 轴和立柱上的 Z 轴也做了相应的空间运动，也即后置的轴必须随同前置的轴一起运动，这无疑增加了 X 轴运动部件的质量。

同时，加工时主轴上刀具所受的切削力反力，也依次传递给立柱、滑座，最终传递给床身，也即末端所受的力按顺序依次串联地传至最前端。此外，这些作用力一般是不通过构件重心的，所以必然会产生弯矩和扭矩，而构件抵抗弯矩和扭矩的变形能力，一般仅为抵抗拉力、压力变形的 $1/6 \sim 1/5$。因此，前端构件不但要额外负担后端构件的重力（质量），而且需要考虑承受切削力。这样一来，为了达到机床高刚度的要求，每部分结构的构件都需要考虑以上因素，以使其具有相应的体积和材料。总之，传统机床的串联结构特性，必然会导致移动部件的质量大、系统刚度低，从而成为机床致命的弱点，特别是当机床运动速度高和工件质量大时，这些弱点更为突出。

2. 并联机床的并联机构

并联机床的基本结构是一个动平台、一个定平台和 6 根长度可变的连杆，如图 4.24 所示。动平台上装有机床主轴和刀具。定平台（或者与定平台固连的工作台）上安装有工件。6 根连杆实际是 6 个滚珠丝杠螺母副，它们将两个平台连在一起，同时将伺服电动机的旋转运动转换为直线运动，从而可以不断改变其长度，带动动平台产生 6 个自由度的空间运动，使刀具在工件上加工出复杂的三维曲面，如图 4.25 所示。由于这种机床上没有导轨、转台等表征坐标轴方向的实体构件，故其被称为虚轴机床（Virtual Axis Machine Tool）；由于其结构特点，又被称为"并联运动机床"（Parallel Kinematic Machine，PKM）；同时由于其奇异的外形，西方刊物上还常将其称为"六足虫"（Hexapod）。

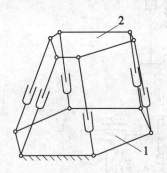

1—定平台；2—动平台。

图 4.24　并联机构的工作原理

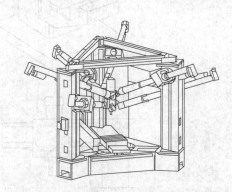

图 4.25　德国 Mikromat 公司的 6X 型机床

如前所述，并联机床实际是一个空间并联连杆机构，其 6 根连杆即 6 根并联连杆，是机床的驱动部件和主要承力部件，由于这 6 根连杆均为二力杆，只承受拉压载荷，所以其应力、变形显著减小，刚性大大提高。由于并联机床不必要采用大截面的构件，运动部件的质量减小，从而可采用较高的运动速度和加速度。并联机床的刚性约为传统加工中心的 5 倍，进给速度可达 66 m/min，加速度可达 $1g \sim 3g$，因而轮廓加工速度相当于传统加工中心的 $5 \sim 10$ 倍。此外，并联机床还被称为"概念机床""用数学建造的机床"。它靠复杂的控制运算和相对简单的运动机构来产生 6 个自由度的空间运动，大大简化了机床的机械结构，是一种高技术附加值的产品。

另外，并联机床的制造成本有可能低于同等功能的传统机床。原因如下：

① 并联机床用复杂的数学运算和相对简单的机械结构来实现复杂型面的加工，降低了结构制造成本。

② 并联机床具有轴对称的基本结构，其对称部件易于实现模块化设计和批量生产。

③ 决定并联机床精度的关键部件是机床的 6 根连杆及其两端的铰链，易于采用滚珠丝

杠、关节轴承等通用件、标准件。

④ 并联结构的各运动副均分担工作载荷，驱动功率远小于同等规格的传统机床，从而使伺服系统成本降低。

由此可见，并联机床在刚性、加工效率等方面有着无可比拟的优势，而且其机械结构比同等功能的传统机床的机械结构简单，便于制造，有利于降低制造成本。

4.4.2　并联机床的实例

如图 4.26 所示是大连机床集团开发设计的一台串并联型五轴联动数控机床，该机床的数控软件由清华大学负责设计，型号为 DCB 510。

该机床的特点是 X、Y、Z 三坐标由滑板连杆式三个虚轴并联而成，A 轴、C 轴为实轴。由于采用了串、并联结构，其既有并联机床刚性好、移动部件轻、速度快、加速度高的特点，又有各坐标的工作范围，其 X、Y、Z 坐标行程分别为 630 mm、630 mm、500 mm，A 轴的活动范围可达 140°，C 轴可以超过 360°；机床刚性好，整体性好。由于该机床具有五轴联动功能，因此，它可以加工复杂型面，如叶轮、模具等。

图 4.26　串并联型五轴联动数控机床 DCB510

4.5　数控电加工机床

4.5.1　概述

1. 放电加工概念

放电加工是指利用电极与工件之间的放电腐蚀效应的一种加工方式。这种放电效应是通过在电极和具有导电性的金属材料之间施加高频脉冲电源，由数控装置驱动工件与电极接近，当它们之间的距离很小时，放电电弧就会形成，产生瞬时高温，蚀除工件，实现微细加工。放电加工的放电效应如图 4.27 所示。

利用放电效应制造出的机床称为电加工机床，它包括数控电火花成型机床和数控线切割机床两类。它们之间的共性都是放电加工，差别在于电极。数控电火花成型机床的电极是被加工成形状各异的工具电极（类似切削加工中的成型刀具），电极材料是导电性能特别好的铜、石墨等；而数控线切割机床的电极是电极丝。

2. 放电加工特点

① 放电加工属于非切削加工，工具电极和工件之间不直接接触，无接触载荷、热变形小。

② 为形成脉冲回路，加工对象必须是导电材料，因此非导电材料无法实现放电加工。

③ 加工效率低。

④ 适宜于一般切削方法难于实现或无法加工的零件，如低刚度零件、冲模、样板、形状复杂的精密零件等。

⑤ 易于实现加工过程自动化。这是由于放电加工中的电能、电参数较机械量易于实现数字控制、自适应控制、智能化控制和无人化操作等。

3. 两种放电加工工艺对比

（1）电火花成型加工

在采用电火花成型加工时，使用一个三维电极来加工所需的零件形状。此加工工艺通过 X、Y、Z、C 轴的叠加运动，可以加工出凹槽、型腔等形状，以及一些使用其他的加工方法完全无法达到的加工效果。

图 4.27　放电加工的放电效应

（2）线切割加工

在采用放电线切割加工时，使用一根特殊的金属丝来切割材料。金属丝按照预设的切割路线行进。通过上部及下部的导丝嘴的叠加运动，此加工工艺可以加工不同角度或锥度的表面，能够达到较高的精度和较精致的表面质量。

4.5.2　数控电火花成型机床

1. 数控电火花成型机床的基本构成

数控电火花成型机床主要由脉冲电源、机床本体、工作液循环系统和自动调节系统等组成。如图 4.28 所示为数控电火花成型机床的组成示意图。

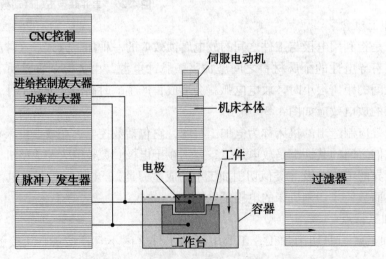

图 4.28　数控电火花成型机床的组成示意图

（1）脉冲电源

脉冲电源的作用是将工频交流电转变成频率较高的直流脉冲电流，以供给工具电极与工件之间的脉冲能量。

工作时，脉冲电源产生的脉冲电流加在放电间隙上。在充满工作液的工具电极与工件之间的间隙中加以脉冲电压、电流后，其间产生很强的磁场，在此区域，介质电离形成通道，产生火花放电，使金属熔融并蒸发。数控电火花成型机床所使用的脉冲电源种类较多。按工作原理分，它可分为独立式脉冲电源和非独立式脉冲电源。前者能独立形成和发生脉冲，不受放电间隙大小和两极间物理状态的影响。独立式脉冲电源又可分为电子管式、闸流管式、晶闸管式和晶体管式等。而非独立式脉冲电源又称弛张式脉冲电源，它应用最早，结构也简单。它的频率高，在小功率时脉冲宽度小，成本低，适合精加工。但它加工时欠稳定，能量利用率较低，电极损耗大，现在多数被独立式脉冲电源所取代。

（2）机床本体

机床本体的作用是保证工具电极与工件之间的相互位置尺寸要求。机床本体主要包括主轴头、工作台、床身和立柱四部分。

（3）工作液循环系统

工作液循环系统是数控电火花成型机床不可缺少的一部分，其主要作用如下：

① 形成电火花并击穿放电通道，在放电结束后迅速恢复间隙的绝缘状态。

② 在加工过程中，对电极和工件表面起冷却和散热作用，确保放电间隙的热量平衡。

③ 及时冲走放电加工时产生的废物，保持工具电极及工件间的清洁、恒定的间隙。

（4）自动调节系统

自动调节系统的作用是使型腔和电极间始终保持最佳的放电间隙。由于电火花加工时间规范不同，所对应的间隙也不同，且在加工中电极也会损耗而使间隙增大，为了保证在加工中放电间隙始终维持最佳间隙，这就需要由自动调节系统来完成。目前使用较多的自动调节系统是电液自动调节装置和电动机自动调节装置两大类。

现代精密电火花成型机床已经与数控铣削加工机床类似，由数控系统实现多轴联动控制，进一步提高了零件的成型精度及质量。

2. 数控电火花成型机床的分类

数控电火花成型机床的分类如下：

（1）CNC 电火花机床

CNC 电火花机床是三轴或三轴以上的数控电火花成型机床，其每个轴皆能实现放电加工，也可实现多轴联动放电加工。

（2）ZNC 电火花机床

ZNC（Z Numerical Control）电火花机床中，只有 Z 轴可实现放电加工，X 轴及 Y 轴由手动控制，只有定位功能。

（3）特种电火花机床

特种电火花机床是用于特殊加工的电火花机床，例如，轮胎模具电火花机床、鞋模电火花机床等。

3. 典型数控电火花成型机床

如图 4.29 所示为一台三轴控制的 FO 23 UP 精密数控电火花成型机床，这台机床采用直线光栅尺作为位置检测装置，分辨率为 0.5 μm，加工零件的表面粗糙度可以达到 0.1 μm。FO 23 UP 精密数控电火花成型机床的主要技术参数有以下几方面：

（1）机床

尺寸（长 ×宽 ×高）　　　　　　　　　2 320 mm ×1 691 mm ×2 600 mm

总质量（不计电介质）　　　　　　　　2 300 kg

X、Y、Z 轴

X、Y、Z 行程　　　　　　　　　　350 mm ×250 mm ×250 mm

（2）位置测量系统

直线光栅尺

测量分辨率　　　　　　　　　　　　　0.5 μm

（3）工作区域

工作槽尺寸（长 ×宽 ×高）　　　　　　940 mm ×540 mm ×350 mm

工作台尺寸（长 ×宽）　　　　　　　　630 mm ×400 mm

（4）电极和工件

最大电极质量　　　　　　　　　　　　50 kg

最大工件质量　　　　　　　　　　　　200 kg

最大工件尺寸（长 ×宽 ×高）　　　　　740 mm ×450 mm ×270 mm

卡盘和工作台间最小/最大距离　　　　　185 mm/435 mm

（5）放电电源

类型　　　　　　　　　　　　　　　　ISOPULSE

标准加工电流　　　　　　　　　　　　32（64）A

（6）性能

最小表面粗糙度（Ra）　　　　　　　0.1 μm

图 4.29　FO 23 UP 精密数控电火花成型机床

4. 数控电火花成型机床的典型应用

数控电火花成型机床可以直接完成零件的粗精加工，满足用户的要求。

由于数控电火花成型机床加工的效率低，在某些产品的加工中，特别是在模具产品的加工中，它可以和高速数控铣床/加工中心联合应用。粗精加工都是由石墨电极通过放电加工。

例如，模具镶件的加工，通过对模芯加工效率的可行性分析，依据用户提供的 CAD 数据，工艺师重新定义了加工策略，设计了全新的石墨电极，只用来放电加工窄缝部分，而需要大量去除材料的部分，则通过在淬硬材料上直接铣削。新工艺实践证明，由于只有窄缝采用电火花成型加工，故放电面积大大缩小。而铣削加工在保证精度（尺寸精度、表面粗糙度）的前提下，加工时间大大缩短。电火花成型加工的典型应用如图 4.30 所示。

 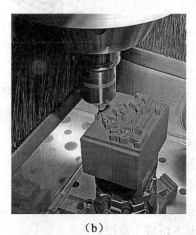

（a） （b）

图 4.30 电火花成型加工的典型应用

（a）模具镶件与成型电极；（b）石墨电极的铣削加工

采用电火花成型加工任何工件，精度都不是问题，但效率总是不够高。而铣削加工窄而深的细长槽时则其不够经济。只有将放电加工和高速铣削智能地组合在一起，才能够提升工艺水平。

4.5.3 数控线切割机床

1. 数控线切割加工的基本原理

电火花线切割加工（Wire Cut Electrical Discharge Machining，WEDM）是在电火花加工基础上发展起来的一种新工艺形式，是用线状电极（铜丝或钼丝）靠火花放电对工件进行切割，故称为电火花线切割，也简称线切割，数控线切割机床的切割原理如图 4.31 所示。

根据电极丝的运行速度不同，电火花线切割机床通常分为两类：

一类是慢走丝电火花线切割机床（WEDM-LS），即慢走丝数控线切割机床，电极丝做低速单向运动，一般走丝速度低于 0.2 mm/s，精度达 0.001 mm，表面质量也接近磨削水平。电极丝放电后不再使用，工作平稳、均匀、抖动小、加工质量较好，而且其采用先进的电源技术，实现了高速加工，最大生产率可达 350 mm²/min。

另一类是快走丝电火花线切割机床（WEDM - HS），即快走丝数控线切割机床，这类机床的电极丝做高速往复运动，一般走丝速度为 8 ~ 12 m/s。

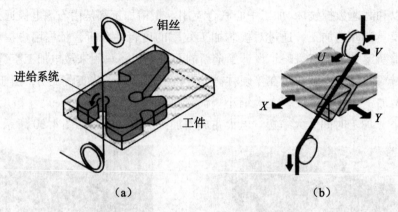

图 4.31　数控线切割机床的切割原理

（a）垂直加工；（b）斜面加工

2. 数控线切割机床的组成

（1）快走丝数控线切割机床

快走丝数控线切割机床一般由床身、走丝机构、锥度切割装置、坐标工作台、工作液循环系统、脉冲电源、数控装置等部分组成。如图 4.32 所示是 DK7725e 型快走丝数控线切割机床的基本组成示意图。

① 走丝机构。走丝机构主要由走丝电动机、丝架和导轮等组成。它分为快速走丝机构和慢速走丝机构。它的作用是使电极以一定速度连续不断地通过放电区。

② 锥度切割装置。如果有落料角的冲模和某些带锥度（斜度）的内外表面需要切割，可通过控制走丝机构中电动机的上、下导向装置在纵横两个方向上移动，使电极丝倾斜，则可切割出各个方向的锥度。锥度具体调整范围要参看实际机床的技术参数。

③ 坐标工作台。坐标工作台实际上是一套二维滑台，由电动机（直流或交流电动机和步进电动机）、进给丝杠（一般使用滚珠丝杠）、导轨等组成。它用来安装夹具和被切割工件，是相对电极线进行移动的部分，通过数控装置可以实现二维插补运动。

④ 工作液循环系统。线切割电极丝很细，如果放电时产生的热量和电蚀物不迅速、及时排出，电极丝会因过热或极间短路而断丝。因此，放电部位电极丝必须用流动的工作液充分包围起来，使电极上的热量及电蚀物随着电极丝移动和工作液的流动而被带出放电部位。工作液循环系统为机床的切割加工提供足够合适的工作液。

电火花线切割加工中工作液的种类很多，有煤油、乳化液、去离子水、洗涤液等。通常情况下，快走丝数控线切割机床常用乳化液（5% ~ 15% 的油酸钾皂乳化液）作为工作液。慢走丝数控线切割机床一般均用水（去离子水）作为工作液。

⑤ 脉冲电源。脉冲电源是产生脉冲电流的能源装置。电火花线切割脉冲电源是影响电火花线切割加工工艺指标最关键的设备之一。为了满足线切割加工条件和工艺指标，对脉冲电源的要求是，脉冲峰值电流要适当、脉冲宽度要窄、脉冲频率要尽量高，有利于减少电极丝损耗。

⑥ 数控装置。数控线切割机床的数控装置主要是指数控系统和进给速度控制系统两部分，前者控制工作台的进给运动轨迹，后者以伺服进给方式控制工作台的移动速度（进给速度）。机床的控制系统置放于控制柜中。其对整个切割加工过程和切割轨迹做数字程序控制。

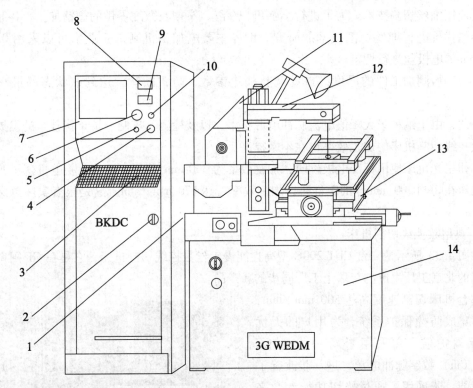

1—软盘驱动器；2—电源总开关；3—键盘；4—开机按钮；5—关机按钮；6—急停按钮；7—彩色显示器；8—电压表；9—电流表；10—机床电器按钮；11—走丝机构；12—丝架；13—坐标工作台；14—床身。

图 4.32　DK7725e 型快走丝数控线切割机床的基本组成示意图

（2）慢走丝数控线切割机床

随着现代综合技术的不断发展，慢走丝数控线切割机床的设计、开发、制造与应用不断创新，产品性能与精度都在不断提高。这些新技术主要体现在以下几方面：

① 采用高品质、大功率的脉冲电源（其脉宽仅几十纳秒，峰值电流在 1 000 A 以上）技术。

② 综合应用制造技术、数控技术、智能化技术、脉冲电源技术、精密传动及控制技术。

优化切割工艺，采用多次切割技术提高精度及表面质量。一般慢走丝数控线切割机床通过一次切割成型，二次切割提高精度，三次以上切割提高表面质量。

③ 拐角加工技术不断优化完善，通过采用综合的拐角控制策略，粗加工时角部形状误差减少 70%。

④ 改善与提高机床结构性能。例如：采用直线电动机驱动，精密定位可实现 $0.1~\mu m$ 当量的控制；采用陶瓷、聚合物人造花岗岩制件，其热惯性比铸铁大 25 倍，降低温度变化对切割精度的影响；采用固定工作台、立柱移动结构，提高工作台承重，不受浸水加工和工件质量变化的影响，采取闭环电极丝张力控制等新技术措施。

⑤应用细丝切割技术。为了进行小圆角、窄缝、窄槽及微细零件的微精加工，各制造企业都不惜代价进行细丝切割技术的研究。世界主要电加工机制造企业都可以采用 0.02 ~ 0.03 mm 的电极丝进行切割。

⑥自动检测加工件的厚度，自动调整加工参数，防止断丝，达到该状态的最高加工效率。

总之，由于纳秒级大峰值电流脉冲电源技术，以及检测、控制、抗干扰技术的发展，慢走丝数控线切割机床的加工效率也在不断提高。

苏州三光机床使用标准电极丝时，加工效率为 350 mm^2/min。日本三菱电机公司 FA – V 系列机床在切割 300 mm 厚的工件时，加工效率可达 170 mm^2/min。这是很有实际意义的技术提升。

3. 典型数控线切割机床

如图 4.33 所示是一台 CUT 200C 型高性能慢走丝数控线切割机床，它是在 GF 阿奇夏米尔集团的北京工厂生产的与瑞士工厂同步的新产品。

这台机床切割速度高达 500 mm^2/min，增加了集成防撞保护系统，为用户的无忧操作保驾护航。它采用了新一代的 CC（Clean Cut）数字脉冲电源，进一步改善了加工性能，还采用了通过修切功能参数来快速改善工件表面质量的新工艺。

4. 数控线切割机床的典型应用

数控线切割机床为新产品试制、精密零件加工、模具加工等提供了新的工艺方法。例如，加工冲模，为电火花机床加工电极、样板，直接加工切削加工难于胜任的复杂零件等。

如图 4.34 所示是数控线切割加工的几种典型零件。

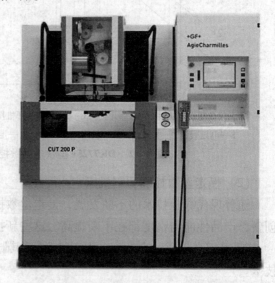

图 4.33　CUT 200C 型高性能慢走丝数控线切割机床

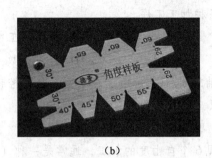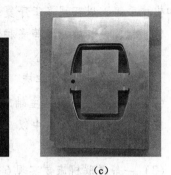

（a）　　　　　　　　　　　（b）　　　　　　　　　　　（c）

图 4.34　数控线切割加工的几种典型零件

（a）凸凹芯加工的零件；（b）角度样板；（c）异型窄缝加工的零件

练习题

1. 数控车床有哪些特点？发展趋势如何？适用于哪些类型零件的加工？

2. 数控车床本体结构的特点有哪些？数控车床分为哪几类？各有何特点？

3. 数控铣床分为哪些类型？各适用于何种加工场合？

4. 简述数控铣床的组成。

5. 数控铣床的布局需要考虑哪些因素？

6. 加工中心分为哪些类型？各适用于何种加工场合？

7. 简述加工中心的组成。

8. 电火花成型加工的特点是什么？适用范围有哪些？

9. 简述数控电火花成型机床的基本构成与分类。

10. 简述数控线切割机床的组成及各组成部分的作用。

模拟自测题

1. 填空题

（1）_____加工中心除用各种刀具进行切削外，还可使用激光头进行打孔、清角，用磨头磨削内孔，用智能化在线测量装置检测、仿形等。

（2）若需要对工件的多个侧面进行加工，则主轴应布局成_____。

（3）加工中心与数控铣床、数控镗床等机床的主要区别是它设置有_____，并能_____。

（4）并联机床实际是一个空间_____机构。

（5）根据电极丝的运行速度不同，电火花线切割机床通常分为_____和_____两大类。

2. 选择题

（1）车削中心是以（　　）为主体，并配置有刀库、换刀装置、分度装置、铣削动力头和机械手等，以实现多工序复合加工的机床。在工件一次装夹后，它可完成回转类零件的车、铣、钻、铰、攻螺纹等多种加工工序。

  A. 镗铣加工中心   B. 卧式加工中心

  C. 全功能数控车床   D. 经济型数控车床

（2）立式数控铣床的主轴轴线（   ）于水平面，是数控铣床中最常见的一种布局形式，应用范围最广泛，其中以三轴联动铣床居多。

  A. 平行   B. 垂直   C. 倾斜

（3）一般并联机床要实现6个自由度的加工，通常是一种（   ）根杆并联机构。

  A. 4   B. 5   C. 6   D. 3

（4）CJK 6240 表示一种（   ）。

  A. 数控铣床   B. 数控车床

  C. 电火花成型机床   D. 数控线切割机床

（5）普通数控铣床加装（   ）后就成为数控加工中心。

  A. 准停装置   B. 自动换刀装置

  C. 自动排屑装置   D. 交换工作台

（6）电火花加工的局限性是（   ）。

  A. 电火花加工属于不接触加工   B. 易于实现加工过程自动化

  C. 加工过程中没有宏观切削力   D. 只能用于加工金属等导电材料

（7）数控电火花成型机床可以加工（   ）。

  A. 塑料   B. 陶瓷

  C. 导电材料   D. 非导电材料

（8）采用经济型数控系统的机床不具有的特点是（   ）。

  A. 采用步进电动机伺服系统   B. 必须采用闭环控制系统

  C. 只配备必要的数控系统   D. CPU 可采用单片机

3. 判断题

（1）中小型数控车床多采用倾斜床身或水平床身斜滑板结构。   （   ）

（2）五面加工中心具有立式和卧式加工中心的功能，通过回转工作台的旋转和主轴头的旋转，能在工件一次装夹后，完成除安装面以外的所有5个面的加工。   （   ）

（3）数控铣床采用 T 形床身布局的最显著优点是精度高。   （   ）

（4）立卧两用式数控铣床的主轴轴线方向可以变换。   （   ）

（5）加工中心可以进行多工序的自动加工。   （   ）

4. 简答题

（1）简述数控车床的组成。

（2）简述数控铣床的功能特点。

（3）数控铣床按机床主轴的布置形式可分为哪几类？各适用于哪些加工场合？

（4）数控铣床 T 形床身布局的优点是什么？

（5）简述电火花成型加工的原理。

（6）简述加工中心的基本组成。

（7）简述经济型数控车床的特点。

（8）简述数控线切割加工的基本原理。

（9）数控线切割机床的工作液有什么作用？

5 数控机床的性能测试与评价方法

学习目标

1. 熟练掌握数控机床的精度检验内容和评价方法。
2. 掌握数控机床的性能检验内容和评价方法。
3. 了解生产管理的主要内容。
4. 掌握三坐标测量机的工作原理、组成和使用方法。
5. 掌握激光干涉仪的工作原理、组成和使用方法。
6. 掌握球杆仪的工作原理、组成和使用方法。

内容提要

本章从介绍数控机床的性能指标开始，讲述数控机床的验收和管理，并对三坐标测量机、激光干涉仪、球杆仪进行了详细介绍。

5.1 数控机床的主要性能指标与验收

根据国家标准《机床检验通则》（GB/T 17421），将机床（包括数控机床）的检验标准和性能评价分为如下几部分。

第 1 部分：在无负荷或精加工条件下机床的几何精度；

第 2 部分：数控轴线的定位精度和重复定位精度的确定；

第 3 部分：热效应的确定；

第 4 部分：数控机床的圆检验；

第 5 部分：噪声发射的确定；

第 6 部分：体和面对角线位置精度的确定（对角线位移检验）；

第 7 部分：回转轴线的几何精度。

对于数控机床，不同的机床类型在精度检验方面又各自有不同的测量指标。本节将结合具体的机床主要讲述数控机床的精度检验（包括几何精度、定位精度、切削精度）和数控机床的性能检验。

5.1.1 数控机床的精度检验

数控机床的高精度最终要靠机床本身的精度来保证。数控机床的精度包括几何精度、定位精度和切削精度。另外，数控机床的各项性能和性能检验对初始使用的数控机床及维修调整后机床的技术指标恢复是很重要的。

1. 几何精度检验

几何精度检验又称静态精度检验，它综合反映机床关键零部件经组装后的综合几何形状误差。数控机床的精度检验工具和检验方法类似于普通机床，但检测要求更高。

几何精度检验必须在地基完全稳定、地脚螺栓处于压紧的状态下进行。人们考虑到地基可能随时间而变化，一般要求机床使用半年后，再复校一次几何精度。在检验几何精度时，应注意因测量方法及测量工具应用不当所引起的误差；应按国家标准规定，即机床接通电源后，在预热的状态下，机床各坐标轴往复运动几次，主轴按中等转速运转十几分钟后进行。常用的检验工具有精密水平仪、精密方箱、直角尺、平尺、平行光管、千分表、测微仪及高精度主轴心棒等。检验工具的精度必须比所设的几何精度高一个等级。

以卧式加工中心为例，应主要对下列几何精度进行检验：

① X、Y、Z 坐标轴的相互垂直度。

② 工作台面的平行度。

③ X、Z 轴移动时工作台面的平行度。

④ 主轴回转轴线对工作台面的平行度。

⑤ 主轴在 Z 轴方向移动的直线度。

⑥ X 轴移动时工作台边界与定位基准的平行度。

⑦ 主轴轴向及孔径跳动。

⑧ 回转工作台的精度。

2. 定位精度检验

数控机床的定位精度是表明所测量的机床各运动部位在数控装置控制下，运动所能达到的精度。因此，根据实测的定位精度数值，可以判断出机床自动加工过程中所能达到的最高的工件加工精度。

（1）定位精度检测的主要内容

机床定位精度的主要检测内容如下：

① 直线运动定位精度（包括 X、Y、Z、U、V、W 轴）。

② 直线运动重复定位精度。

③ 直线运动轴机械原点的返回精度。

④ 直线运动矢动量的测定。

⑤ 直线运动定位精度（转台 A、B、C 轴）。

⑥ 回转运动重复定位精度。

⑦ 回转轴原点的返回精度。

⑧ 回转运动矢动量的测定。

（2）机床定位精度的检验方法

检验定位精度和重复定位精度使用得比较多的方法是应用精密线纹尺和读数显微镜

（或光电显微镜），以精密线纹尺作为测量时的比较基准，测量时将精密线纹尺用等高垫按最佳支架（见图5.1）安装在被测部件上，如工作台的台面上，并用千分表找正。读数显微镜可安装在机床的固定部件上，调整镜头使其与工作台垂直。在整个坐标的全长上可选取任意几个定位点，一般为5~15个，最好是非等距的，对每个定位点进行多次重复定位。可以从单一方向趋近定位点，也可以从两个方向分别趋近定位点，以便揭示机床进给系统中间隙和变形的影响。每一次定位的误差值 X 按下式计算：

$$X = (s_L - s_0) - (y_L - y_0) \tag{5.1}$$

式中：s_0——基准点或零点时读数显微镜的读数；

      s_L——工作台移动 L 距离后读数显微镜的读数；

      y_0，y_L——相应于 s_0 和 s_L 时机床调位读数装置或数码显示装置的读数，对于数控机床来说，就是程序指令中给定的位移数值。

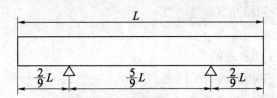

图5.1　测量的支承部位

激光干涉仪在定位测量中使用得也越来越多。它的优点是测量精度高、测量时间短，但它必须对环境温度、零件温度和气压等进行控制和自动补偿，以在较长距离的测量中获得高的精度。关于激光干涉仪的使用将在5.3节专门讲述。

在利用行程挡块控制执行部件行程距离的一些普通机床上，重复定位精度也可用千分表进行测量。

为了分析机床各因素对定位精度的影响，有时一些元件和部件的误差还需要进行测量。例如：在测量系统中，要将某些基准元件如光栅、线纹尺、丝杠、主要刻度盘的制造精度测量出来；在机床构件系统中，机床的几何精度需要测量，特别是导轨的几何精度以及机床的刚度等；在进给系统方面，传动件的精度、反向间隙、传动刚度和摩擦特性等需要测量；也可以在不同的工作条件下测出定位精度，以求出工作条件变化对定位精度的影响。

（3）定位精度测量数据的处理

定位精度测量以后，要对测量数据进行统计处理，求出平均定位误差、定位分散带宽和最大定位误差带。下面介绍一种数控机床定位精度实验的数据处理方法。

首先选取一系列定位点，对每一定位点进行多次重复定位，测定实际位置，比较实际值与程序给定值，对每一定位点求出实际误差 X 及其算术平均值 $\overline{X}$，连接各定位点定位误差的算术平均值，如图5.2中中间的一条折线所示。然后根据各点中算术平均值的最大值

$\overline{X}_{\max}$ 和最小值 $\overline{X}_{\min}$ ，求出定位误差 $A = |\overline{X}_{\max} - \overline{X}_{\min}|$ 以及平均定位误差 $\overline{A} = \dfrac{\overline{X}_{\max} + \overline{X}_{\min}}{2}$。此后，要确定定位分散带宽 R_{p} ，它相当于 $6\overline{\sigma}$ ，为此，应先求各定位点的标准误差（均方根差）σ_{i} 。

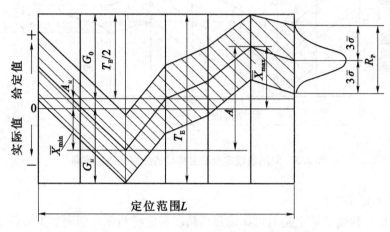

图 5.2　定位精度实验的数据处理示意图

标准误差 σ_{i} 可计算如下：

$$\sigma_{i} = \sqrt{\dfrac{\sum\limits_{k=1}^{n}(X_{ik} - \overline{X}_{i})}{n-1}} \qquad (5.2)$$

式中：X_{ik}，$\overline{X}_{i}$——实测误差值及其算术平均值，其中 i 表示某一定位点；

　　　n——某一定位点的重复定位次数。

此后，求出各定位点的标准误差的平均值，即平均标准误差 $\overline{\sigma}$：

$$\overline{\sigma} = \dfrac{1}{M}\sum\limits_{i=1}^{M}\sigma_{i} \qquad (5.3)$$

式中：M——定位点数。

定位分散带宽 $R_{p} = 6\overline{\sigma}$，它反映了偶然性误差。最后，求出最大定位误差带 $T_{E} = |\overline{X}_{\max} - \overline{X}_{\min}| + 6\overline{\sigma}$，以及上、下定位误差限 $G_{u} = \overline{A} + \dfrac{T_{E}}{2}$，$G_{0} = \overline{A} - \dfrac{T_{E}}{2}$。

以上是单向趋近时定位精度的测定。如果是双向趋近，则应按上述方法分别求出左、右两个方向的误差指标。左、右两个方向的平均值之差为反向不灵敏区 u。如果取各点上 u 的平均值 $\overline{u} = \dfrac{1}{M}\sum\limits_{i=1}^{M}u_{i}$，则可得到平均反向不灵敏区 $\overline{u}$。另外，对标准误差及其平均值也要求出左、右两个方向的平均值。这时，整个误差分布如图 5.3 所示。图中，$\overline{A}_{u} = \dfrac{\overline{X}_{\max} + \overline{X}_{\min}}{2}$，

$T_{Eu} = |\overline{X}_{\max} - \overline{X}_{\min}| + 6\overline{\sigma} + \overline{u}$。

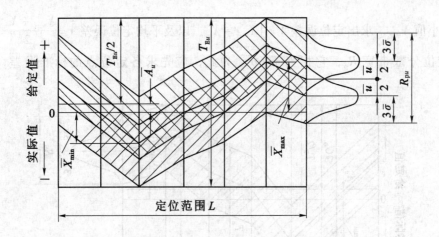

图 5.3　双向趋近定位精度实验的数据处理示意图

3. 机床切削精度检验

机床切削精度检验实质上是对机床的几何精度和定位精度在切削加工条件下的一项综合检查。机床切削精度检验可以是单项加工，也可以加工一个标准的综合性试件。以普通立式加工中心为例，其主要单项加工有：

① 镗孔精度。

② 端面铣刀铣削平面的精度（$X - Y$ 平面）。

③ 镗孔的孔距精度和孔径分散度。

④ 直线铣削精度。

⑤ 斜线铣削精度。

⑥ 圆弧铣削精度。

对于普通卧式加工中心，则其主要单项加工还应有：

① 箱体掉头镗孔的同轴度。

② 水平转台回转 90°铣四方时的加工精度。

被切削加工试件的材料除特殊要求外，一般都采用一级铸铁，加工中心使用硬质合金刀具按标准的切削用量切削。

5.1.2　数控机床的性能检验

1. 主轴性能检验

（1）手动操作

选择高、中、低 3 挡转速，主轴连续进行 5 次正转和反转的启动、停止，检验其动作的灵活性和可靠性，同时，观察负载表上的功率显示是否符合要求。

（2）手动数据输入（MDI）方式

使主轴由低速到最高速旋转，测量各级转速值，转速允差值为设定值的 ±10% 。进行此项检查的同时，观察机床的振动情况。主轴在 2 h 高速运转后允许温升为 15 ℃。

（3）主轴准停

连续操作 5 次以上，检验其动作的灵活性和可靠性。对有齿轮挂挡的主轴箱，应多次试验自动挂挡，其动作应准确、可靠。

2. 进给性能检验

（1）手动操作

分别对 X、Y、Z 直线坐标轴（回转坐标 A、B、C）进行手动操作，检验正、反向的低、中、高速进给和快速移动的启动、停止、点动等动作的平稳性和可靠性。在增量（INC 或 STEP）方式下，单次进给误差不得大于最小设定当量的 100%。在手轮（HANDLE）方式下，手轮每格进给和累计进给误差同增量方式。

（2）手动数据输入（MDI）方式

通过 G00 和 G01 的 F 指令功能，测定快速移动速度及各进给速度，其允差为 ±5%。

（3）软、硬限位

通过上述两种方法，检验各伺服轴在进给时软、硬限位的可靠性。数控机床的硬限位是通过行程开关来确定的，一般在各伺服轴的极限位置，因此，行程开关的可靠性决定了硬限位的可靠性。软限位是通过设置机床参数来确定的，限位范围是可变的。软限位是否有效，可通过观察伺服轴在到达设定位置时是否停止来确定。

（4）回原点

用回原点（REF）方式检验各伺服轴回原点的可靠性。

3. 自动换刀（ATC）性能检验

（1）手动和自动操作

在刀库装满刀柄的满负载条件下，通过手动操作运行和 M06、T 指令自动运行，检验刀具自动交换的可靠性和灵活性，机械手爪最大长度和直径刀柄的可靠性，刀库内刀号选择的准确性以及换刀过程的平稳性。

（2）刀具交换时间

根据技术指标测定交换刀具的时间。

4. 机床的噪声检验

数控机床的噪声包括主轴电动机冷却风扇的噪声、液压系统油泵的噪声等。机床空运转时，噪声不得超过标准规定的 85 dB。

5. 润滑装置检验

检验定时、定量润滑装置的可靠性，润滑油路有无泄漏，油温是否过高以及润滑油路到润滑点的油量分配状况等。

6. 气、液装置检验

检查压缩空气和液压油路的密封，气、液系统的调压功能及液压油箱的工作情况等。

7. 附属装置检验

检查冷却装置能否正常工作，排屑器的工作状况，冷却防护罩有无泄漏，带负载的自动交换托盘（APC）能否自动交换并准确定位，接触式测量头能否正常工作等。

5.2 数控机床的生产管理

购置的数控机床到货后，计划阶段结束，使用阶段开始。数控机床经安装、验收、试运转阶段后，转入正规生产。数控机床开始正规生产的期限和试运转达到的水平，都要符合试生产管理的要求，这是经济使用数控机床的先决条件。

5.2.1 数控机床的日常管理

数控机床能否充分发挥作用，提高经济效益，是与生产管理、技术水平、人员配套、基础元部件的及时供应等有密切关系的。其中，生产管理主要包括如下内容：

1. 数控机床的分散或集中使用

根据我国当前的情况，集中使用数控机床比较有利。集中使用也就是要集中管理，便于了解情况和及时解决存在的问题；编程、操作、维修、计划安排的人员集中在一起，便于互相学习、沟通情况，不断总结经验，改进工作，共同提高；数控机床加工的毛坯、刀具、附件、备件等，可以集中管理、安排和准备。数控机床集中使用和管理的要求有：

① 预先对需要在数控机床上加工的零件予以分析，统计加工量以及所需添置数控机床的类别和台数。

② 准确选择数控机床的型号、规格和精度。

③ 预先对有关人员进行数控机床技术的培训。

④ 正确验收和安装数控机床。

⑤ 对数控机床进行试加工。

⑥ 按顺序投入生产，对在数控机床上加工的零件、使用的机床以及管理和维修情况应有记录，以便总结使用和管理中的经验教训。

⑦ 在数控机床集中使用和管理中，应定期（半年或一年）进行集中讨论，做出总结，对数控机床加工、故障、修复、加工件数、经济效益等做出详细统计。

⑧ 应由专人掌握数控机床的集中使用和管理情况。

2. 编程、操作、刀具管理、维修人员的管理

上述人员应配套，集中管理，严格考核。工作中这些人员应职责分明，分工合作。编程人员应熟悉数控机床上加工的零件、工艺，并运用成组工艺的概念，将适合在某类数控机床上加工的零件进行分类编码，编制出典型工艺，对数控程序的存储介质、加工参数等应集中、科学地保存和管理，逐步建立相应的数据库。操作人员应一专多能，深入了解数控机床的结构、性能、特点及国内外同类数控机床的优缺点，充分发挥机床的效能。刀具管理、维修人员应与编程人员、操作人员紧密结合，使数控机床的使用和管理顺畅。

3. 数控机床加工零件的计划安排

集中使用和管理数控机床，应对适合于数控机床加工的零件做出周密的计划安排，以便

于做好编程、刀具、维护等的准备工作。成组工艺的采用，对于更好地安排数控机床加工零件组非常重要，可以提高加工质量，减少废品，缩短加工周期，减少成本。

4. 刀具管理

数控机床离不开成套优质、先进刀具的及时供应。在数控机床的使用过程中，刀具管理人员对刀具的加工零件数、材料、寿命、质量等应做出详细记录。

5. 强化日常维护管理

数控机床除机床、自动换刀装置（ATC）、自动托盘交换装置（APC）等机械部分外，还有机械、电气、液压、气压、电子、测量等基础元部件，特别是数控系统，应备有充分的备件，以便于在出现故障时能及时修复。数控机床的日常维护工作，除了排除故障外，还应有必要的定期维修。各方面的技术人员应密切配合，详细做好维护记录，并统计、归纳、分析故障的原因及修复方法。

5.2.2 数控机床使用过程中的经济分析

数控机床使用的经济效果，取决于充分了解数控机床的特点，及正确、充分地使用数控机床。只有在技术上掌握、生产上使用、管理上正常的基础上，数控机床才能显示出其优越性和经济效果。表 5.1 是用数控机床和用仿形机床加工零件时的时间对比，表 5.2 是在加工中心上和在普通铣床上加工复杂零件时的费用对比。工艺和编程对经济使用数控机床都有很大影响。

表 5.1　用数控机床和用仿形机床加工零件时的时间对比

	项　目	数控/h	仿形/h		项　目	数控/h	仿形/h
准备工作	模型设计	—	250	制造加工	安装、调整	15	24.5
	模型制造	—	1 192		加　工	3.5	4.5
	夹具设计	154	236		合　计	18.5	29
	夹具制造	277	392				
	编　程	1 231.5	—				
	合　计	1 662.5	2 070	总　计		1 681	2 099

表 5.2　在加工中心上和在普通铣床上加工复杂零件时的费用对比

项目	加 工 中 心		普 通 铣 床	
	时间/h	费用/元	时间/h	费用/元
编程	112	61.6	520	286
数据准备	16.25	126	—	—
工夹具设计、制造	—	596	—	6 285
检验	26.5	97.25	176	345

项目	加工中心		普通铣床	
	时间/h	费用/元	时间/h	费用/元
加工准备合计	154.75	880.85	696	6 916
画线	0.5	0.2	1	0.4
机床外调整（1个）	0.666	0.266	—	—
机床上调整（1个）	—	—	0.833	0.471
加工　　（1个）	4.77	11.877	38	21.508
运输　　（1个）	0.5	0.2	3.5	1.4
机外检验（1个）	0.15	0.06	8.83	3.53
加工合计	6.586	12.603	52.163	27.309
每批件数/（个·批⁻¹）	15		30	
一年生产批数/批	8		4	
预计生产总数/个	600		600	
一年费用/元	1 688.68		4 662.24	
一年加工效益差额/元	2 973.56		—	
一年工资减少/元	13 440		—	
运输资金每年减少/元	714		—	
机床占地减少/元	750		—	
全年总费用减少/元	17 877.56			

1. 工艺对数控机床经济使用的影响

零件的单件加工时间是决定单件加工成本的关键。数控机床的单件加工时间与普通机床相比，其平均值为1∶4。这不仅归因于辅助时间的减少，而且与切削时间的显著缩短有关。缩短切削时间，是采用合理的切削参数，主要是切削速度和进给量大大提高的结果。

最佳切削速度是机床工位费用和刀具费用的函数，因此，切削时间最佳和加工成本最佳的切削速度是存在的。切削时间最佳的切削速度高于加工成本最佳的切削速度（本节只讨论后者）。随着切削速度的提高，加工成本中与时间成正比的费用将按双曲线规律下降，而刀具费用则逐渐增加。叠加上述两项费用后我们发现，在切削速度过低和过高时，加工成本都很高；在很高和过低切削速度之间，存在加工成本最低的切削速度。

2. 编程费用对数控机床经济使用的影响

编程费用是准备成本的重要组成部分，它随总件数的多少，对单件制造成本有不同程度的影响。总件数较少时，对成本影响较大；总件数较多时，影响可以忽略。

编程时投入的人力、物力是一次性支出的，但通过编程而缩短的单件加工时间所产生的节约量与工件数有关。工件越多，节约量越大。大批或多次重复生产的工件编程费比单件和小量生产的工件编程费高些是合理的。对一台工位费用高的机床，通过仔细编程使单件加工工时缩短所得的节约量，比一台低工位费的机床要多。与编程费相联系的程序质量，可理解为编程效果。通常，通过计算机辅助编程方法可以改善编程效果。为了使工件的单件制造成本最小，数控机床往往不惜采用编程费用较高的、富有成效的编程方法。但在自动化编程方法中，自动化程度高的系统，由于算法已固定，所以其不一定是最好的编程方法。

由于经验积累和切削技术的不断进步，特别是刀具效能的提高，数控程序在一定的时间间隔后（2～3 年）应该重新修订。修订零件程序时，只把程序修改后仍需继续加工的零件数算作加工总件数。程序改进的效果还取决于原有程序的质量。与编程质量有关的单件加工时间的节省，应理解为程序改进的效果。修改程序是否有意义，可做简单估算：可近似认为零件编程过程有一个固定的小时费用，由于精心编程多花 Δt_p min，从而达到单件工时减少 Δt_E min 的目的，如果编程部门的工位费用是 K_p 元/min，加工费用是 K_M 元/min，n 是工件的加工件数，则在满足不等式 $\Delta t_p \times K_p < \Delta t_E \times K_M \times n$ 时，修订程序是有利的。如果不是主要通过提高切削用量使单件加工工时下降，则可不计刀具费用的影响。加工总件数的计算公式如下：

$$n > (\Delta t_p / \Delta t_E) \times (K_p / K_M) \tag{5.4}$$

上式中，$\Delta t_p / \Delta t_E$ 是修改程序多花的劳动量（单位：min）与单件加工工时（单位：min）节约的比值，也就是修改程序的效果。修改程序效果的大小一般是凭经验估算出来的，但成本的比值 K_p / K_M 是可以精确计算的。

综上所述，可得如下结论：

（1）编程费用和数控机床的单件加工工时之间有内在关系。若加工工件数量很多，则仔细编制程序在经济上是合算的；否则，会导致刀具寿命缩短、故障增多等。

（2）程序质量对数控机床的经济性有决定性的影响。如果在经济计算中使用不准确的单件加工时间，就会产生虚假的结果。

（3）编程时，无限节省数控机床的加工时间显然是错误的，会导致刀具寿命缩短。

（4）对于新技术的出现（如新工艺、新刀具等），如果需要加工的件数超过按式（5.4）算出的极限件数，则应该修订数控机床的程序。

（5）在保证程序质量的情况下，编程费用应尽量降低，这可通过改进使用编程辅助手段或自动编程来达到。

5.3　激光干涉仪

激光干涉仪可对机床进行完整的校准，目前，在机床制造厂测量各种几何及动态机床性能时主要依靠激光干涉仪。本节将主要讲述有关激光干涉仪的知识。

5.3.1 激光干涉仪的工作原理

激光干涉仪是以激光波长为已知长度，利用迈克尔逊干涉系统测量位移通用长度的测量工具。激光干涉仪有单频激光干涉仪和双频激光干涉仪两种。单频激光干涉仪是在20世纪60年代中期出现的，最初用于检定基准线纹尺，以后又用于在计量室中精密测长。双频激光干涉仪是在1970年出现的，其适宜在车间中使用。激光干涉仪在极接近标准状态（温度为20℃，大气压力为101 325 Pa，相对湿度为59%，CO_2含量为0.03%）下的测量精确度很高，可达1×10^{-7} m。

1. 单频激光干涉仪

如图5.4所示为单频激光干涉仪的工作原理。从激光器发出的光束，经扩束准直器后由分光镜分为两路，并分别从固定反射镜和可动反射镜反射回来会合在分光镜上而产生干涉条纹。当可动反射镜移动时，干涉条纹的光强变化由接收器中的光电转换元件和电子线路等转换为电脉冲信号，经整形、放大后输入可逆计数器计算出总脉冲数，再由计算机按式(5.5)算出可动反射镜的位移L。使用单频激光干涉仪时，要求周围大气处于稳定状态，因为各种空气湍流都会引起直流电平变化，从而影响测量结果。

$$L = \frac{1}{2}\lambda \times N \tag{5.5}$$

式中：λ——激光波长；

N——电脉冲总数。

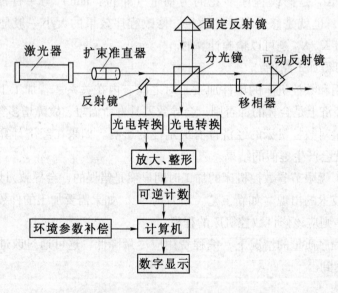

图5.4 单频激光干涉仪的工作原理

2. 双频激光干涉仪

如图5.5所示为双频激光干涉仪的工作原理。在氦氖激光器上加上一个约0.03 T的轴向磁场，由于塞曼分裂效应和频率牵引效应，激光器产生f_1和f_2两个不同频率的左旋和右旋圆偏振光，经 1/4 波片后成为两个互相垂直的线偏振光，再经分光镜分为两路。一路经偏振片 1 后成为含有频率为 $f_1 - f_2$ 的参考光束。另一路经偏振分光镜后又分为两路：一路成为仅含有 f_1 的光束，另一路成为仅含有 f_2 的光束。当可动反射镜移动时，含有 f_2 的光束经可动反射镜反射后成为含有 $f_2 \pm \Delta f$ 的光束，Δf 是可动反射镜移动时由多普勒效应产生的附加频率，正负号表示移动方向［多普勒效应是奥地利物理学家多普勒（C. J. Doppler）提出的，即波的频率在波源或接收器运动时会产生变化］。这路光束和由固定反射镜反射回来的仅含有 f_1 的光束经偏振片 2 后会合成为 $f_1 - (f_2 \pm \Delta f)$ 的测量光束。测量光束和上述参考光束经各自的光电转换元件、放大器、整形器后进入减法器相减，输出成为仅含有 $\pm \Delta f$ 的电脉冲信号，经可逆计数器计数后，由计算机进行当量换算（乘 1/2 激光波长），即可得出可动反射镜的位移量。双频激光干涉仪是应用频率变化来测量位移的，这种位移信息载于 f_1 和 f_2 的频差上，对由光强变化引起的直流电平变化不敏感，所以抗干扰能力强。它常用于检定测长机、三坐标测量机、光刻机和加工中心等的坐标精度，也可用作测长机、高精度三坐标测量机等的测量系统。利用相应附件，双频激光干涉仪还可进行高精度直线度测量、平面度测量和小角度测量。

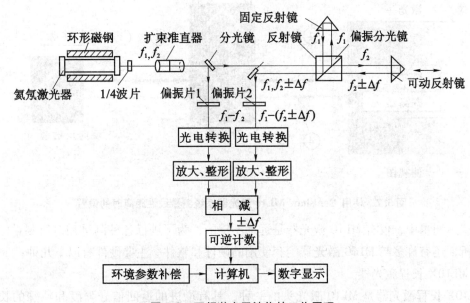

图 5.5 双频激光干涉仪的工作原理

5.3.2 ML10 激光干涉仪的组成

本节将以在国内外广泛采用的英国雷尼绍（Renishaw）公司的 ML10 激光干涉仪为例，介绍其基本组成。

如图 5.6 所示，ML10 激光器是一种单频氦氖激光器，内含对输出激光束稳频的电子线路及对由测量光学镜产生的干涉条纹进行细分和计数的处理部分。如图 5.7 所示为使用 Renishaw ML10 激光器系统测量线性距离时的设置。

图 5.6 ML10 激光器

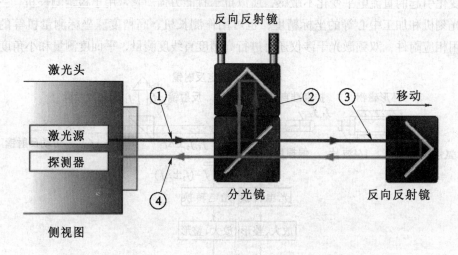

图 5.7 使用 Renishaw ML10 激光器系统测量线性距离时的设置

在实际测量中，仅有 ML10 激光器是远远不够的，为了进行各种测量和对所测量的数据进行分析，还有许多与 ML10 激光器配套使用的硬件和软件。主要硬件有以下几种：

1. ML10X 长程激光器

ML10X 长程激光器是 ML10 激光头的一种，具有增进的返回信号强度和特殊的长程光闸，搭配可选购的长程线性附件包，可使线性测量量程达到 80 m（与 40 m 的标准量程比较）。当信号减弱成问题时（如使用多个镜组时），可使用 ML10X 长程激光器。如图 5.8 所示为典型的 ML10X 长程激光器系统设置。

2. ML10Q 正交输出激光系统

该系统提供了两种可由用户选择的正交分辨率，即 80 nm 和 10 nm。这样可使激光系统作为标度系统使用或者可以进行动态机床补偿。如图 5.9 所示为 ML10Q 正交输出激光系统。

3. EC10 环境补偿装置

该装置可以补偿激光器光束波长在气温、气压及相对湿度影响下的变化。EC10 环境补偿装置最多可接受来自 3 个测量机床温度的材料传感器的输入。若已将适当的材料热膨胀系数输入 Laser10 软件，则测量可按照 20 ℃ 条件下的机床（材料）温度取准。线性测量时，若不使用 EC10 环境补偿装置，则空气折射率的变化可能会导致严重的测量误差；若使用 EC10 环境补偿装置，便可使线性位移测量的结果符合线性测量的系统精度范围。如图 5.10 所示为 EC10 环境补偿装置。

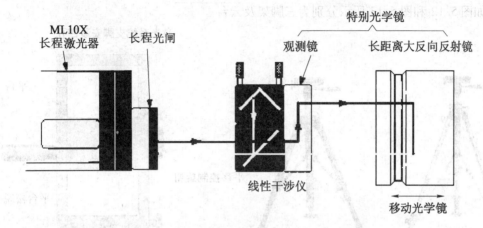

图 5.8　典型的 ML10X 长程激光器系统设置

图 5.9　ML10Q 正交输出激光系统

图 5.10　EC10 环境补偿装置

4. RX10 旋转轴校准器

RX10 旋转轴校准器是一种精确的耦合分度器，可将旋转轴精度校准为激光器精度。该系统可以垂直、水平或上下运转，利用任何的角度增量来校准旋转台、分度头、分度夹等。如图 5.11 所示为 RX10 旋转轴校准器。

5. 三脚架及云台

雷尼绍公司可提供两种三脚架——标准三脚架以及轻型三脚架。这两种三脚架都有一个云台。三脚架及云台可用来安装 ML10 激光器，将 ML10 激光器设置在不同的高度，可以充分控制 ML10 激光束的准直。对于大多数机床校准设置，建议将 ML10 激光器安装在三脚架和云台上。三脚架、云台和

图 5.11　RX10 旋转轴校准器

ML10 激光器三者合为一体，可为 ML10 光束准直提供下列几项调整：

① 高度调整；

② 水平平移调整；

③ 角度偏转调整；

④ 角度俯仰调整。

如图 5.12 和图 5.13 所示分别为三脚架及云台。

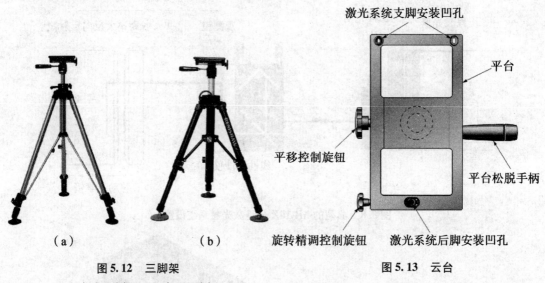

图 5.12　三脚架

（a）标准三脚架；（b）轻型三脚架

图 5.13　云台

6. PC10 接口卡

当 Renishaw 激光干涉仪系统与台式计算机配用时，可以使用 PC10 接口卡。PC10 接口卡具有 IBM 兼容性，并安装在计算机的 ISA 扩展插槽中。卡的边缘装有 3 个多针插孔。其中，两个插孔为相同的 5 针插孔，分别连接来自 ML10 激光器和 EC10 环境补偿装置（若使用时）的数据连接电缆；第 3 个插孔是 4 针插孔，为手持式开关和 TPin/TPout 遥控触发提供连接。如图 5.14 所示为 PC10 接口卡。

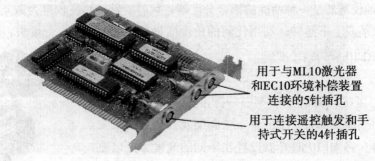

图 5.14　PC10 接口卡

7. PCM20 和 PCM10 接口

PCM20 和 PCM10 接口用于连接激光测量系统和笔记本电脑。这两个接口都由接口卡和适配器组成，执行与台式计算机配用的 Renishaw 的 PC10 计算机接口一样的功能。

8. DX10 USB 接口

采用 DX10 USB 接口，可将激光测量系统连接到运行 Microsoft Windows XP 操作系统的笔记本电脑或台式机上。

另外，在实际测量中，根据不同的测量目标，硬件还有线性测量镜组、长程线性附件包、角度测量镜组、平面度测量组件、线性和角度组合镜组、平面度测量组件、直线度测量镜组、直线度附件包、垂直度测量组件、镜组安装组件、回转镜、固定转向镜、激光器准直辅助镜等附件，其可供选择使用，在此不一一讲述。

除上述测量硬件外，系统还配有测量软件 Renishaw Laser10 对测量数据进行采集、分析和处理。如图 5.15 所示为 Renishaw Laser10 软件的界面。

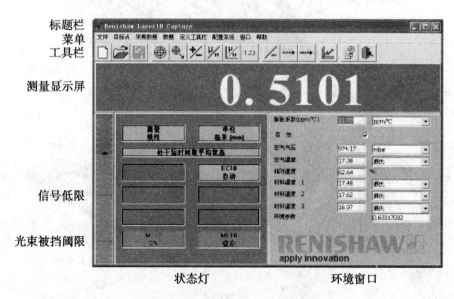

图 5.15　Renishaw Laser10 软件的界面

5.3.3　典型的测量实例

本节将以线性测量为例，介绍激光干涉仪的使用，仍然以 ML10 系统为例。

1. 线性测量的步骤

线性测量是激光器最常见的一种测量。激光器系统会比较轴位置数显上的读数位置与激光器系统测量的实际位置，以测量线性定位精度及重复性。线性测量所需的步骤如下：

① 设置激光器系统以执行线性测量。

② 使激光束与机床的运动轴准直。

③ 启动自动环境补偿功能并确保在软件中输入正确的材料膨胀系数（若不使用自动环境补偿功能，大气状况的变化可能导致严重的测量误差；当使用环境补偿时，线性位移测量的精度可达到 $\pm 1.1 \times 10^{-6}$ m）。

④ 测量和记录机床的线性误差。

⑤ 分析采集到的数据。在按照首选的国际或国家标准分析之前，请使用"绘制所有数据"图表类型来检测测量误差。

2. 线性测量的设置

用于测量线性定位的典型系统设置如图 5.16 所示。

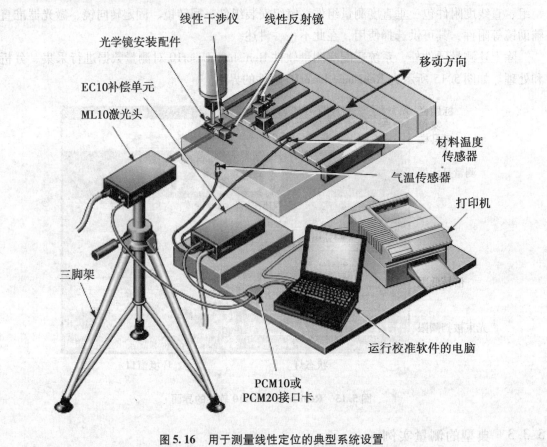

图 5.16　用于测量线性定位的典型系统设置

该系统应按如下步骤配置并执行：

① 首先安装校准软件，并确保计算机上已安装并配置了以下其中一个 Renishaw 接口：台式机或笔记本电脑的 DX10 接口，笔记本电脑的 PCM10 或 PCM20（PCMCIA）接口卡。

② 将线性镜组连接到要校准的机床上。注意，不同机床配置的典型线性镜组有所不同。

③ 在三脚架上安装 ML10 激光头，将 ML10 以及 EC10 连接到接口卡上。将数据连接电缆的一端插到 DX10/PCM20 接口上的 5 针插孔中，另一端插到 ML10 激光器后部的插座中，同样再将 EC10 连接到 PCM20 接口卡上。PCM20 接口卡上的两个 5 针的插孔是通用的，因

此，ML10 或 EC10 连接到哪个插孔无关紧要。

④ 将环境传感器连接到 EC10 上。

⑤ 将 EC10 的空气传感器放在机床上或附近的适当位置。

⑥ 将材料温度传感器放在机床上的适当位置。

⑦ 打开 ML10 激光器和 EC10 以及 PC 机的主电源，打开电源的顺序无关紧要，使 ML10 稳定下来。这需要 10 ~ 15 min。

⑧ 运行线性数据采集软件。

⑨ 使激光束与机床的运动轴准直，开始测量。

5.4　三坐标测量机

本节主要介绍三坐标测量机的原理、结构、各种测头结构的原理和三坐标测量机的发展趋势。

三坐标测量机是 20 世纪 60 年代发展起来的一种高效率的新型精密测量仪器。它广泛应用于制造、电子、汽车、航空和航天等工业中。开始它作为一种检测仪器，对零件和部件的尺寸、形状及相互位置进行检测。后来其功能扩展至画线、定中心孔、光刻集成线路等。由于三坐标测量机具有对连续曲面进行扫描来制作数控加工程序的功能，因此其一直被使用至今。

三坐标测量机出现以前，测量空间三维尺寸已有一些原始的方法，如采用高度尺和量规等通用量具在平板上测量，以及采用专用量规、心轴、检验棒等量具测量孔的同轴度及相互位置精度。早期出现的测长机可在一个坐标方向上进行工件长度的测量，即单坐标测量机仅能进行一维测量；后来出现的万能工具显微镜具有 X、Y 两个坐标方向移动的工作台，可测量平面上各点的坐标位置，即二维测量，也称为二坐标测量机。因此，如果测量机具备 X、Y、Z 方向的运动导轨，就可测出空间范围内各测点的坐标位置。

5.4.1　三坐标测量机的原理

将被测物体置于三坐标测量机的测量空间，可获得被测物体上各测点的坐标位置，根据这些点的空间坐标值，经计算可求出被测物体的几何尺寸、形状和位置。

在三坐标测量机上装置分度台、回转台（或数控转台）后，系统具备了极坐标（柱坐标）系测量功能，这种具有 X、Y、Z、C 四轴的坐标测量机称为四坐标测量机。按照回转轴的数目，也可有五坐标或六坐标测量机。

5.4.2　三坐标测量机的组成

作为一种测量仪器，三坐标测量机主要是比较被测量与标准量，并将比较结果用数值表示出来。三坐标测量机需要三个方向的标准器（标尺），利用导轨实现测量相应方向的运动，还需要三维测头对被测量物体进行瞄准和测微。此外，三坐标测量机还具有数据自动处理和自动检测等功能，需要由相应的电气控制系统与计算机软硬件来实现。

三坐标测量机可分为主机、三维测头、电气系统 3 大部分，如图 5.17 所示。

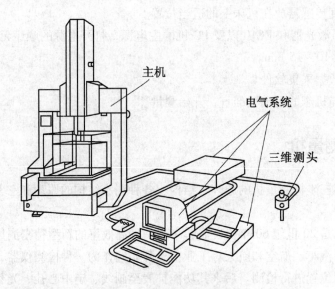

图 5.17　三坐标测量机的组成

1. 主机

三坐标测量机的主机结构如图 5.18 所示。

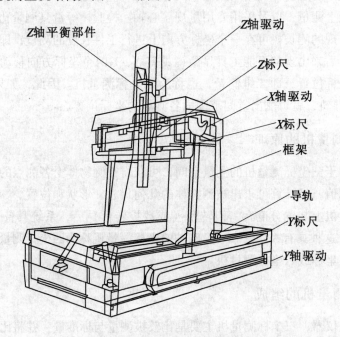

图 5.18　三坐标测量机的主机结构

138

（1）框架结构

框架结构是指测量机的主体机械结构架子。它是工作台、立柱、桥框、壳体等机械结构的集合体。

（2）标尺系统

标尺系统是三坐标测量机的重要组成部分，包括线纹尺、精密丝杠、感应同步器、光栅尺、磁尺、光波波长及数显电气装置等。

（3）导轨

导轨主要是用于实现三维运动，三坐标测量机多数采用滑动导轨、滚动轴承导轨和气浮导轨，以气浮导轨为主要形式。气浮导轨由导轨体和气垫组成，包括气源、稳压器、过滤器、气管、分流器等气动装置。

（4）驱动装置

驱动装置主要是实现机动和程序控制伺服运动功能，由丝杠螺母、滚动轮、钢丝、齿形带、齿轮齿条、光轴滚动轮、伺服电动机等组成。

（5）平衡部件

平衡部件主要用于 Z 轴框架中，用以平衡 Z 轴的质量，使 Z 轴上下运动时无偏重干扰，Z 向受力稳定。

（6）转台与附件

转台与附件主要是使测量机增加一个转动运动的自由度，包括分度台、单轴回转台、万能转台和数控转台等。

2. 三维测头

三维测头即三维测量传感器，它可在 3 个方向上感受瞄准信号和微小位移，以实现瞄准和测微两项功能，主要有硬测头、电气测头、光学测头等。三维测头有接触式和非接触式之分。按输出信号分，三维测头有用于发信号的触发式测头、用于扫描的瞄准式测头和测微式测头等。

3. 电气系统

（1）电气控制系统

电气控制系统是三坐标测量机的电气控制部分，具有单轴与多轴联动控制、外围设备控制、通信控制和保护与逻辑控制等功能。

（2）计算机硬件部分

计算机硬件部分主要包括各式 PC 机和工作站。

（3）测量机软件

测量机软件包括控制软件与数据处理软件，可进行坐标变换与测头校正，生成控测模式与测量路径，还可用于基本几何元素及其相互关系的测量，形状与位置误差的测量，齿轮、螺纹与凸轮的测量，曲线与曲面的测量等，它具有统计分析、误差补偿和网络通信等功能。

（4）打印与绘图装置

打印与绘图装置的作用是根据测量要求打印输出数据、表格，绘制图形等。

5.4.3　三坐标测量机的类型

1. 按自动化程度分类

（1）数字显示及打印型

该类型主要用于几何尺寸的测量，能以数字形式显示或记录测量结果以及打印结果，该类型测量机一般采用手动测量。

（2）带小型计算机的测量机

该类型测量机由计算机进行诸如工件安装倾斜的自动校正计算、坐标变换、孔心距计算等，并可预先储备一定量的数据，通过计量软件存储所需测量件的数学模型和对曲线表面轮廓进行扫描计算。

（3）计算机数字控制（CNC）型

带小型计算机的测量机的测量过程仍然是手动或机动的，计算机数字控制（CNC）型测量机可按照编制好的程序自动进行测量，按功能可分为以下几种：

① 用编制好的程序对已加工好的零件进行自动检测，并可自动打印出实际值和理论值之间的误差以及超差值。

② 可按实物测量结果编程，与数控加工中心配套使用，将测量结果经计算机后置处理，生成针对各种机床的加工控制代码。

2. 按结构形式与运动关系分类

三坐标测量机按结构形式与运动关系可分为移动桥式、龙门式、悬臂式、水平臂式、坐标镗床式、卧镗式和仪器台式等。

3. 按测量范围分类

（1）小型坐标测量机

小型坐标测量机主要用于测量小型精密的模具、工具、刀具与集成线路板等，测量精度高，测量范围一般在 X 轴方向是小于 500 mm。

（2）中型坐标测量机

中型坐标测量机的测量范围在 X 轴方向为 500~2 000 mm。精密等级为中等，也有精密型的。

（3）大型坐标测量机

大型坐标测量机的测量范围在 X 轴方向为大于 2 000 mm。精密等级为中等或低等。

4. 按精度分类

三坐标测量机按精度可分为低精度、中等精度和高精度的测量机，低、中、高精度三坐标测量机大体上可这样划分：低精度测量机的单轴最大测量不确定度为 $1 \times 10^{-4} L$ 左右，而空间最大测量不确定度为 $(2~3) \times 10^{-4} L$，其中 L 为最大量程；中等精度测量机的单轴与空间最大测量不确定度分别为 $1 \times 10^{-5} L$ 左右和 $(2 \sim 3) \times 10^{-5} L$；高精度测量机的单轴与空间最大测量不确定度则分别小于 $1 \times 10^{-6} L$ 和 $3 \times 10^{-6} L$。

5.4.4 三坐标测量机的主机

1. 三坐标测量机的主机结构

（1）三坐标测量机的结构形式

归纳起来，三坐标测量机的结构形式可分为 7 类：由平板测量原理发展而来的悬臂式、桥框式和龙门式，这 3 类即我们通常所称的坐标测量机；由测量显微镜演变而成的仪器台式，又称三坐标测量仪；根据极坐标原理制成的极坐标式等。

（2）三坐标测量机的结构材料

三坐标测量机的结构材料对其测量精度、性能有很大影响，常用的结构材料主要有：铸铁、钢、花岗石、陶瓷和铝。此处所列材料的排列顺序也是三坐标测量机结构材料的一个发展历程。三坐标测量机的结构材料正向着轻型、变形小、易加工的方向发展。

2. 标尺系统

标尺系统，也称测量系统，是三坐标测量机的重要组成部分。测量系统直接决定着测量机的精度、性能和成本，不同的测量系统对使用环境有不同的要求。国内外三坐标测量机上使用的测量系统种类繁多，按系统的性质，可以分为机械式测量系统、光电式测量系统和电气式测量系统。

（1）机械式测量系统

① 精密丝杠加微分鼓轮式测量系统。该系统以精密丝杠为检测元件，读数方法是将丝杠的转角所对应的位移从微分鼓上读出，精度取决于丝杠精度。

② 精密齿条齿轮式测量系统。该系统以一对互相啮合的齿轮和齿条作为检测元件，精度较低。

③ 滚轮直尺式测量系统。其工作原理同齿条齿轮式测量系统，不同的是其用直尺代替齿条，用滚轮代替齿轮，用摩擦传动代替齿轮传动。摩擦副打滑或滚轮磨损会降低测量精度。

（2）光电式测量系统

① 光学读数刻度尺式测量系统。该系统将金属标尺或玻璃标尺作为检测元件，在标尺上每隔 1 mm 刻一条线，测量时，通过光学放大系统把刻线影像投射到视野上，再通过游标副尺读出整数和小数的坐标值。

② 光电显微镜和金属刻尺式测量系统。该系统是把光电显微镜作为瞄准装置，进行自动瞄准标尺（金属尺或玻璃尺）的测量系统。

③ 光栅测量系统。该系统由一个定光栅和一个动光栅合在一起作为检测元件，通过它产生莫尔条纹来检测位移值。光栅可通过下列方式制作：在玻璃表面上制作透明与不透明间隔相等的线纹，可制成投射光栅；在金属的镜面上制成全反射或漫反射并间隔相等的线纹，称为反射光栅；也可以把线纹做成具有一定衍射角度的光栅。

④ 光学编码器测量系统。该系统是一种绝对码测量系统，显示器显示的数值与编码器的位置（绝对坐标值）一一对应，可以直接读出长度或角度坐标的绝对值，没有累计误差，电源切除后位置量也不会丢失；但其结构复杂，价格高。

⑤ 激光干涉仪测量系统。该系统是现在测量系统中精度最高的一种系统，激光具有亮度高、方向性好、单色性及相干性好等特点。用于精密测量的激光干涉仪主要有单频激光干涉仪和双频激光干涉仪两种。

（3）电气式测量系统

① 感应同步式测量系统。该系统中，检测元件是一对具有平面绕组的定尺和滑尺，在滑尺绕组中通以一定频率的交流电压，由于电磁感应，定尺绕组中会产生感应电动势，其幅值和相位取决于定尺和滑尺的相对位置，从而实现位移测量。与激光干涉仪测量系统及光栅测量系统相比，感应同步式测量系统抗干扰能力强、成本低，但精度低。

② 磁栅测量系统。该系统中，检测元件是磁性标尺（或称磁栅）和磁头。根据录磁原理，在磁性标尺上等间距录上周期性变化的磁信号，当磁头和磁栅相对移动时，磁头能读出这一周期变化的磁电信号，用以测量位移量。该系统的测量精度略低于感应同步式测量系统。

5.4.5 三坐标测量机的控制系统

控制系统是三坐标测量机的关键组成部分之一。其主要功能：读取空间坐标值；控制测量瞄准系统对测头信号进行实时响应与处理；控制机械系统实现必需的运动；实时监控三坐标测量机的状态，以保障整个系统的安全性与可靠性。

1. 控制系统的分类

按自动化程度的不同，三坐标测量机的控制系统可分为手动型、机动型和 CNC 型。早期的坐标测量机以手动型和通过操纵杆控制的机械运动型（机动型）为主，随着计算机技术及数控技术的发展，CNC 型控制系统已日益普及。

2. 空间坐标测量及控制

作为测量设备，三坐标测量机不仅要有高精度的长度基准，还应有空间坐标值的读取与控制系统。一方面，控制系统要定时读取空间坐标值，以便监测三坐标测量机的状态；另一方面，当瞄准系统发出采样控制信号时，其又要实时地将当时的空间坐标值采样读入，作为以后数据处理的输入参数。因此，精确地、实时地读取空间坐标值，是控制系统的一项关键任务。

3. 测头系统及控制

三坐标测量机的测头系统主要有电气式和光学式两种，其中，电气式是目前三坐标测量机的主流。电气式又可分为触发式和模拟式两种。

（1）触发式测头系统

触发式测头采用多个机械触点开关串接的结构。当测端在任意位置与工件接触后，这些开关中至少有一个触点由闭合变为断开。机械开关接在一个电气控制回路中，每当开关断开时，电路输出从高电平变为低电平。触发式测头的结构特点使它主要用于离散点的测量。测量时，从测量起始点开始，测头沿测量进给轨迹向预定的测量终点运动，在测量轨迹的某点 $P(x_p, y_p, z_p)$ 与被测工件接触，测头发出采样信号。控制系统将 3 个采样值 x_p、y_p、z_p 锁存。为保证测头不致过量位移或与工件其他部分接触，测头再沿原轨迹返回至某个安全点。在 CNC 方式下，为了提高测量效率，从起始点开始到测量起始点之间的这段空行程，测头可以按匀速做高速运行。测量时，测头以平稳的控测速度做低速运动，当测头与工件接触并完成一次触发测量后，测头将以平稳的速度低速后退至某个安全点。

（2）模拟式测头系统

模拟式测头是一个高精度的三维测量装置，它有一套精密机械机构，使测端在 X、Y 和 Z 3 个方向产生小的平移，用高精度传感器对这 3 个位移进行测量。当测端与被测工件接触时，测端沿接触点曲面法向移动，内部的高精度测量系统将小位移测量出来，就是测端位移值。该位移是个矢量，既有位移大小的信息，也有方向的信息。采用模拟式测头不仅可以得到测头在空间的精确位置，而且可以实现与工件表面相接触的连续测量，即扫描测量。模拟式测头还允许用外触发信号控制系统的采样。

模拟式测头结构复杂，往往需要独立的 CPU 模块进行控制。

4. 测量进给控制

测量进给控制与数控机床的加工进给控制基本相同。一般三坐标测量机在 X、Y、Z 3 个方向的正交直线运动和旋转工作台的转动，都是通过各自独立的单轴伺服控制器实现的。测头的运动是由 CPU 控制三轴按一定的算法联动实现的，由单轴伺服控制器及插补器共同完成。

5. 控制系统的通信

控制系统的通信分为内通信和外通信。内通信是指三坐标测量机计算系统的主计算机和控制系统两大部分之间传送的命令、参数、状态和数据等。内通信采用现在成熟的、流行的标准，主要有串行 RS232 标准和并行 IEEE-488 标准。外通信是测量机 CAD/CAM/DMIS 的数据交换。

5.4.6　三坐标测量机的测头

按照结构原理的不同，测头可分为机械式、光学式和电气式等。机械式主要用于手动测量；光学式多用于非接触测量；电气式多用于接触式的自动测量。新型测头主要采用电学与光学原理进行信号转换。按测量方法的不同，测头可分为接触式和非接触式两类。接触式测头便于拾取三向尺寸信号，应用广泛，种类也较多。非接触式测头由于有独到的优点，发展较快。

接触式测头可分为硬测头与软测头两类。硬测头多为机械式测头，主要用于手动测量，由人手直接操作，测量力不易控制。软测头的测端与被测件接触后，测端可做偏移，传感器进而输出开关信号或模拟信号。在测端接触工件后仅发出瞄准信号的测头为触发式测头。除发信号外，还能进行偏移量读数的测头为模拟式测头。如图 5. 19 所示为接触式测头的工作原理示意图。

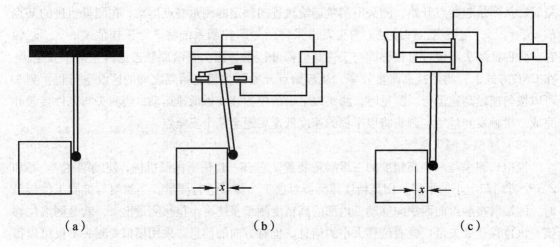

（a） （b） （c）

图 5. 19 接触式测头的工作原理示意图

（a）硬测头；（b）触发式测头；（c）模拟式测头

1. 机械测头

机械测头即硬测头，主要用于人手直接操作的手动测量，部分也可用于自动测量。机械测头多用于精度要求不太高的小型测量机中，成本较低、操作简单。

机械测头种类较多，按形状可分为圆锥测头、圆柱形测头、球形测头、回转半圆和回转四分之一柱面测头、盘形测头、凹圆锥测头、点测头、V 形块测头及直角测头等。

应用机械测头时，测量力往往较难控制，这不仅与操作者有关，还与测量机运动部件（测量位移装置）的摩擦阻力大小有关。因此，采用机械测头时，摩擦阻力越小越好，以保证精度。一般要求测量力的范围为 0. 1~0. 4 N，最大力为 1 N。

2. 电气测头

电气测头是应用范围最广、使用最多的一种测头，测头多采用电阻、电感、电容、应变片、压电晶体等作为传感器来接收测量信号，可达到很高的测量精度。按功能不同，电气测头可分为开关测头和模拟测头。开关测头，只作瞄准用；模拟测头，既可以进行瞄准，又具有测微功能。按感受的运动维数不同，电气测头可分为单向电测头、双向电测头和三向（三坐标）电测头。

如图 5. 20 所示为二维电感测头，它有两组双片簧结构 1 与 2。靠四根双片簧结构 2 处，活动板 3 可相对壳体 9 做水平方向运动，靠四根双片簧结构 1 处，活动板 8 可相对活动板 3 做铅垂方向运动，从而实现 $X-Z$ 或 $Y-Z$ 的测量。为使用方便，探针 12 可安装在下夹头 11 或侧夹头 10 上，以方便在两个互相垂直的面上测量。测头采用电感传感器，磁心体 4 与活动板 8 固定在一起，而线圈 5、7 安装在活动板 3 上，用以感受铅垂方向位移的大小。水平方向（X 或 Y 向）电感传感器的磁心体 6 固定在测头体 13 上，线圈 7 安装在可水平向移动的活动板 3 上，用以感受水平方向位移的大小。测头体 13 采用红宝石，以增强测端的耐磨性。

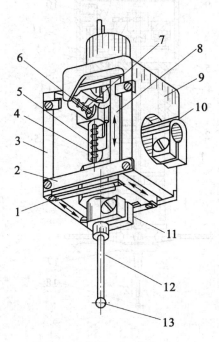

1，2—双片簧结构；3，8—活动板；4，6—磁心体；5，7—线圈；
9—壳体；10—侧夹头；11—下夹头；12—探针；13—测头体。

图 5.20　二维电感测头

如图 5.21 所示为德国 Zeiss 厂生产的双片簧层叠式三维电感测头的结构。在转接器上布置有 5 个探针，可以进行探针互换，其中，X 向有两个，Y 向有两个，Z 向有一个，可方便地对工件进行触测。通过更换探针，Z 方向除能进行上端面的测量外，还可以进行下端面的测量。由于该种测头的探针很多，故又名"星形测头"，其精度较高，重复精度可达 $0.1~\mu m$ 左右。

3. 光学测头

多数情况下，光学测头与被测物体没有机械接触。采用非接触光学测头测量工件，有如下优点：

①　没有测量力，可以用于测量各种柔软的和易变形的物体，无摩擦。

②　可以快速地对物体进行扫描测量，测量速度和采样频率较高。

③　光斑可以做得很小，可以探测一般机械测头难以探测的部位，而且其不需要测端半径的补偿。

④　不少光学测头具有较大的量程，如十毫米、数十毫米，这是一般接触测头难以达到的。

⑤　探测的信息丰富，能测得物体的光学特性。

145

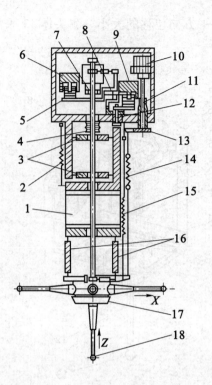

1，3，16—平行四边形机构；2，14，15—弹簧；4—波纹管；5—杠杆；6—电磁线圈；7—推动杆；
8—十字片簧铰链；9—电磁铁；10—控制电动机；11—转动螺杆；12—顶杆；13—螺母套；17—转接器；18—测端。

图5.21 Zeiss 三维电感测头的结构

需要指出的是，用光学测头测量物体，并不是测量物体本身的几何形状，而是所"看"到的物体像的光学反差结构。除物体的尺寸特性外，物体的辐射特性对测量结果也有较大的影响。有一系列因素，如照明情况、表面状态反射情况、阴影、挡光、对谱线的吸收情况等都会引起测量不确定度。

5.4.7 三坐标测量机的测头附件

测头附件是指那些与测头相连接、扩大其功能的零部件。测头附件主要有测端与探针、连接器、回转附件和自动更换测头系统。

1. 测端与探针

测端与探针是直接对被测件进行探测的部件。不同尺寸、不同形状的工件需要采用不同的测端与探针。测端的形状主要有球形测端、盘形测端、圆柱形测端、尖锥形测端和半球形测端等，如图5.22所示。其中最常用的是球形测端，它具有制造简单、便于从各个方向探测、不易磨损、接触变形小的优点。测端的常用材料为红宝石、钢、陶瓷、碳化物、刚玉等。

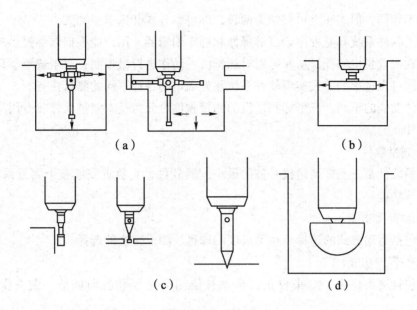

图 5.22　测端的形状

（a）球形；（b）盘形；（c）圆柱形、尖锥形；（d）半球形

为了便于对工件进行探测，需要有各种探针，通常将可更换的测杆称为探针。选择探针时应注意下列问题：

① 增加探针长度可以增强测量能力，但会造成刚度下降，因此，在满足测量要求的前提下，探针应尽可能短。

② 探针直径应小于测端球径，在不发生干涉的条件下，应尽量增大探针直径。

③ 需要长探针时，常采用硬质合金探针，以提高刚度。

在测量深孔时，还需使用加长杆，以使探针达到要求的长度。

2. 连接器

连接器的作用是将探针连接到测头上，以及将测头连接到回转体上或测量机主轴上。常见的连接器有星形探针连接器、连接轴和星形测头座等。

3. 回转附件

回转附件使测头能对斜孔、斜面或类似形状进行精确测量。常用的回转附件有铰接接头和测头回转体等。

5.4.8　三坐标测量机的测量软件

三坐标测量机的精度与速度主要取决于机械结构、控制系统和测头，其功能则主要取决于软件和测头，操作方便性也与软件密切相关。早期的三坐标测量机大都采用各厂家的专用计算机，坐标测量软件也各自独立，不能通用。现代三坐标测量机一般采用微机或小型机，操作系统已选用 Windows 或 Unix 平台，测量软件也采用流行的编程技术编制，尽管开发的软件系统各不相同，但本质上可归纳为两种，即可编程式和选单驱动式。

可编程式软件系统具有程序语言解释器和程序编辑器，用户能根据软件提供的指令对测量任务进行联机或脱机编程，从而可以对测量机的动作进行微控制；对于选单驱动式软件系统，用户可通过点选单的方式实现软件系统预先确定的各种不同的测量任务。

根据软件功能的不同，三坐标测量机的测量软件可分为基本测量软件、专用测量软件和附加功能软件。

1. 基本测量软件

基本测量软件是三坐标测量机必备的最小配置软件，它负责完成整个测量系统的管理，通常具备以下功能：

（1）运动管理功能

该功能包括运动方式的选择、运动进度的选择、测量速度的选择。

（2）测头管理功能

该功能包括测头标定、测头校正、自动补偿测头半径和各向偏值、测头保护及测头管理。

（3）零件管理功能

该功能包括确定零件坐标系及坐标原点、不同工件坐标系的转换。

（4）辅助功能

该功能包括坐标系、地标平面、坐标轴的选择，公制与英制转换及其他各种辅助功能。

（5）输出管理功能

该功能包括输出设备选择、输出格式及测量结果类型的选择等。

（6）几何元素测量功能

① 点、线、圆、面、圆柱、圆锥、球、椭圆的测量。

② 几何元素组合功能，即几何元素之间经过计算得出如中点、距离、相交、投影等的功能。

③ 几何形位误差测量功能，即平面度、直线度、圆度、圆柱度、球度、圆锥度、平行度、垂直度、倾斜度、同轴度等的测量功能。

2. 专用测量软件

专用测量软件是针对某种具有特定用途的零部件的测量问题而开发的软件，它通常包括齿软、螺纹、凸轮、自由曲线、自由曲面等测量软件。

3. 附加功能软件

为了增强三坐标测量机的功能和用软件补偿的方法提高测量精度，三坐标测量机还提供了附加功能软件，如附件驱动软件、最佳配合测量软件、统计分析测量程序软件、随行夹具测量软件、误差检测软件、误差补偿软件、CAD 软件及其他软件程序等。

（1）附件驱动软件

各种附件主要包括回转工作台、测头回转体、测头与探针的自动更换装置等。附件驱动软件首先实现附件驱动，如回转工作台，然后自动记录附件位置，作校准、标定和补偿用。

（2）最佳配合测量软件

该软件运用于配合件的测量，主要是应用最大实体原则检测互相配合的零件。其功能如下：

① 如果测量结果是可配合的，则可找出其最佳配合位置。

② 利用这个软件程序，零件可以经过测量给以评定，得出零件是合格产品或废品，一般零件不再进行返修。

③ 当配合件有一个或更多的尺寸超差时，可给出不可能装配的信息，并可进行再加工模拟循环，以便找出使该零件符合装配要求的可能性。

④ 当零件为中间工序的毛坯件时，此程序具有使加工余量分布最佳化的能力，并能计算出被测元素的最佳位置。

（3）统计分析测量程序软件

该软件是保证生产质量的一个测量程序。它是一种连续监控加工的方法，由三坐标测量机自动地、实时地分析被测零件的尺寸，以便在加工出超差零件之前，被加工零件将超出尺寸极限的倾向就能被发现。因此，该软件可监控加工过程中的零件尺寸，判断被加工零件是合格件还是超差件或超差前给出相应信息，以防止出现废品，如给出换刀信号、误差补偿信号及补偿值等。测量结束后，该软件能以图形、打印、显示或在线给出反馈信号等方式，表示出统计分析的结果。

（4）随行夹具测量软件

该软件是被测零件与其夹具之间建立一种互相连接关系的一个程序。它一般用于多个相同零件的测量，即在一个夹具上装有多个零件，工作台上放有多个夹具，在第一个被测零件的示教编程结束后，再与随行夹具程序相连，该程序即可自动地、一个零件一个零件地测量。当发生错误测量或碰撞时，即可自动将测量引到下一个零件上继续进行测量。利用此程序可实现无人化测量。测量需对夹具、零件定向，再将零件的坐标系转换成相对于随行夹具的坐标系，并设定中间点，此点没有测量数据传输，以避免碰撞。

（5）其他软件程序

其他软件程序包括输出软件、示教程序、计算机辅助编程程序、转台程序、温度补偿程序、坐标精度程序和其他专用程序，例如，测量某种特殊零件的测量程序（如曲轴测量程序）或特殊功能的程序（如绘图程序等）。

5.5 球 杆 仪

球杆仪与激光干涉仪同属精密测量机床加工精度的检测工具。美国的 ASME B5. 54 标准也就是根据球杆仪对三直轴机床的检测和分析结果而规定的机床精度标准。

球杆仪是 1982 年由美国人发明的，其测量原理源自机床圆度及圆柱度的测量方法。后来参照国际 ISO 标准于 1988 年制定的数控机床定位精度测量方法标准，以及 1990 年该标准在"无负荷精加工条件下的机床几何学精度测量方法"修订版中追加的关于"圆度和圆柱度的测量方法"，使球杆仪配套分析软件的功能进一步得到完善。在球杆仪的硬件方面，英国 Renishaw 公司的产品非常精巧，其分辨率可达到 $0.1~\mu m$；在软件方面，日本京都大学的研究较为深入。

球杆仪检测方法的优势在于：球杆仪可以检测机床的动态性能，其圆轨迹测量曲线几乎可以反映机床中的所有误差项，而且测量精度较高，操作简便、快速。

作为一种新型的机床性能测量仪器，球杆仪也有其自身的局限性。球杆仪的分析软件只适用于两轴联动的平面圆轨迹测试结果，对于更复杂的机床结构，如现在使用越来越多的四轴、五轴混联机床，以及多自由度的并联机床，若其要使用球杆仪进行相关性能的检测，则需要进行复杂的数学建模，以便能够从球杆仪的测量结果中成功地分离出所需的数据。除此之外，球杆仪的传感器也只能测出沿杆向的杆长变化，若要得到空间三维的变化量，则需要通过特别的试验设计方案来实现。

5.5.1　球杆仪的工作原理

球杆仪是一种快速检测机床性能的精密仪器，具体结构如图 5.23 所示。安装在可伸缩的纤维杆内的高精度位移传感器可测量杆长的变化，球杆两头的距离是设定的标准长度。杆的一端是高精度球，另一端是带有磁性的三点接触的支座，从杆内引出的信号线将位移传感器测得的长度变化信息送入采集卡，采集的数据再输入计算机，通过分析采集的数据，得到机床的各误差元素。在测量过程中，将支座固定在机床的工作台上，球杆仪的另一端连在主轴端，编制程序，使机床主轴端相对于工作台做圆周运动，分析圆周运动过程中球杆仪杆长的微小变化，就可以得到机床的误差分布情况。

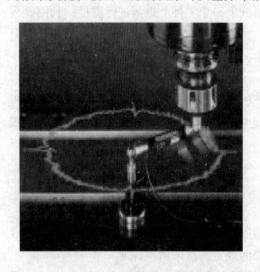
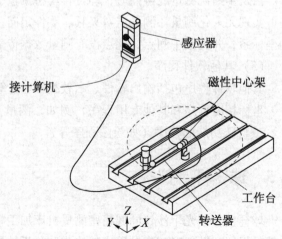

图 5.23　Renishaw 公司生产的 QC 10 球杆仪的结构示意图

5.5.2   球杆仪的测量原理

利用机床的两轴联动做圆弧插补，通过分析圆弧的半径变化和弧线的轨迹特征来判断机床的误差元素。

用球杆仪进行误差测量，如图 5.24 所示，设工作台上的球心坐标为 （0，0，0），固连在主轴端的球心坐标为 $P(X, Y, Z)$，当数控机床按照程序指令运行到 P 点时，机床误差因素的存在，将导致主轴端球心的实际位置就是实际加工过程中刀具点的位置，为 $P'(X', Y', Z')$，因此机床的几何误差表示如下：

$$\Delta X = X' - X \tag{5.6}$$

$$\Delta Y = Y' - Y \tag{5.7}$$

$$\Delta Z = Z' - Z \tag{5.8}$$

上面 3 式中的 ΔX、ΔY、ΔZ 是刀具点坐标相对于原点沿各坐标轴的误差分量，是随时间变化的与 P 点位置有关的变量。以球杆仪的半径 R 进行圆弧插补，若不存在误差，则满足：

$$R^2 = X^2 + Y^2 + Z^2 \tag{5.9}$$

由于误差的存在，实际的半径是有变化的，可用数学公式表示如下：

$$(R + \Delta R)^2 = (X + \Delta X)^2 + (Y + \Delta Y)^2 + (Z + \Delta Z)^2 \tag{5.10}$$

将公式（5.10）两边展开，并忽略误差的二次项，可以得到：

$$\Delta R = (X \Delta X + Y \Delta Y + Z \Delta Z) \tag{5.11}$$

该方程将球杆仪所测得的半径变化与测量点的坐标位置误差联系了起来，它是根据实验数据分析机床误差的计算依据。

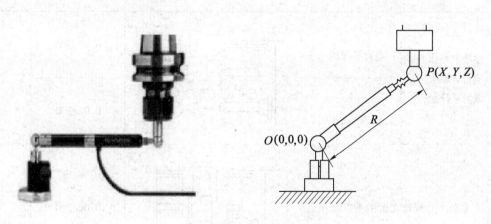

图 5.24   球杆仪的测量原理示意图

1. 按表5.3检验卧式数控车床的几何精度，并做出相应的评价。

表5.3 卧式数控车床几何精度的检验

序号	检测内容		检测方法	允许误差/mm	实测误差/mm
1	往复台Z轴方向运动的直线度	a Z轴方向垂直平面内		0.05/1 000	
		b X轴方向垂直平面内		0.05/1 000	
		c X轴方向水平面内		全长0.01	
2	主轴端面跳动			0.02	
3	主轴径向跳动			0.02	
4	主轴中心线与往复台Z轴方向运动的平行度	a 垂直平面内		0.02/300	
		b 水平平面内		0.02/300	
5	主轴中心线与X轴的垂直度			0.02/200	

序号	检测内容	检测方法		允许误差/mm	实测误差/mm
6	主轴中心线与刀具中心线的偏离程度	a 垂直平面内		0.05	
		b 水平平面内		0.05	
7	床身导轨面的平行度	a 山形外侧		0.02	
		b 山形内侧			
8	往复台 Z 轴方向运动与尾座中心线的平行度	a 垂直平面内		0.02/100	
		b 水平平面内		0.01/100	
9	主轴与尾座中心线之间的高度偏差			0.03	
10	尾座回转径向跳动			0.02	

2. 用立铣刀在数控铣床上加工外圆表面时，要求铣刀从外圆切向进刀，切向出刀，铣圆过程连续而不中断，测量所加工零件时，假定出现图 5.25 所示 3 种情况的误差，试分析产生误差的原因和应采取的措施。

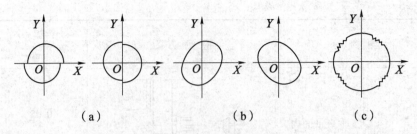

图 5.25　圆铣削精度分析

(a) 两半圆错位；(b) 斜椭圆；(c) 锯齿形条纹

模拟自测题

1. 填空题

(1) 数控机床的精度检验一般包括_____、_____、_____检验。

(2) _____检验是综合反映机床关键零部件经组装后的综合几何形状误差。

(3) 三坐标测量机的精度与速度主要取决于_____、_____和_____，功能则主要取决于软件和_____，操作的方便性也与软件密切相关。

2. 选择题

(1) 机床的切削精度检查实质上是对机床的（　　）在切削加工条件下的一项综合检查。

    A. 几何精度　　　　　　　　　B. 几何精度和定位精度

    C. 定位精度

(2) 数控机床的切削精度检验（　　），对机床几何精度和定位精度的一项综合检验。

    A. 又称静态精度检验，是在切削加工条件下

    B. 又称动态精度检验，是在空载条件下

    C. 又称动态精度检验，是在切削加工条件下

    D. 又称静态精度检验，是在空载条件下

(3) 在数控机床验收中，以下的检测属于机床几何精度检验的是（　　）。

    A. 回转原点的返回精度　　　　B. 箱体调头镗孔同轴度

    C. 连接器紧固检查　　　　　　D. 主轴轴向跳动

(4) 影响数控机床加工精度的因素很多，要提高加工工件的质量，有很多措施，但（　　）不能提高加工精度。

    A. 将绝对编程改为增量编程　　B. 正确选择刀具类型

    C. 减少对刀误差　　　　　　　D. 消除丝杠副的传动间隙

3. 判断题

(1) 激光干涉仪是以激光波长为已知长度，利用迈克尔逊干涉系统测量位移的通用长度测量工具。　　　　　　　　　　　　　　　　　　　　　　　　　　　　　　　（　　）

（2）三坐标测量机的精度与速度主要取决于机械结构、控制系统和测头，功能则主要取决于软件和测头，操作的方便性也与软件密切相关。　　　　　　　　　　　　（　　）

（3）数控机床的使用和维护，在数控机床的生命周期中起着至关重要的作用，同时也会对数控机床的使用寿命产生重要的影响。　　　　　　　　　　　　　　　　　　（　　）

4. 简答题

（1）以卧式加工中心为例，要对其几何精度进行检验，应检验哪些项目？

（2）简述数控机床生产管理的主要内容。

（3）简述三坐标测量机的测量原理。

（4）简述球杆仪的测量原理。

（5）简述三坐标测量机的组成。

（6）简述激光干涉仪的工作原理。

6 数控机床的选用与维护

学习目标

1. 了解数控机床选型、安装与调试的内容。
2. 掌握数控机床的基本使用条件、日常维护和保养常识。
3. 了解数控机床故障诊断的分类、一般步骤及常用方法。

内容提要

本章主要对数控机床的选型、安装与调试、日常维护和故障诊断进行概述。

6.1 数控机床的选用

在设备的选用和配备上数控技术人员要有一定的实际经验，能为企业领导的投资决策提供技术支持。特别是在数控技术高速发展的今天，全面地了解市场和技术发展的动向，考虑企业的技术要求和投资力度，全面衡量设备的工艺加工能力，是选好数控设备的重要环节。通常，数控技术人员应从以下几方面考虑数控设备的选用：

1. 机床的工艺范围

大多数工件可以用二轴半联动的机床来加工，但有些工件需要用三轴、四轴甚至五轴联动加工。机床联动功能的冗余是极大的浪费，不仅占用初始投资，而且会给使用、维护和修理带来不必要的麻烦。

例如：当工件只需钻削或铣削加工时，企业就不须购置加工中心；能用数控车床完成时，就不须购置数控车削中心。

对工艺范围的考虑，应以够用为度，在投资增加不多的情况下适当考虑发展余地，不可盲目地追求"先进性"。

2. 机床的规格

机床的规格主要是指机床的工作台尺寸以及运动范围等。工件在工作台上安装时要留有适当的校正和夹紧位置；各坐标的行程要满足加工时刀具的进、退刀要求；工件较重时，要考虑工作台的额定荷重；对于尺寸较大的工件，要考虑加工中不要碰到防护罩，也不能妨碍换刀动作；对于数控车床，主要考虑卡盘直径、顶尖间距、主轴孔尺寸、最大车削直径及加工长度等。

3. 主电动机功率及进给驱动力

使用数控机床加工时，常常粗、精加工在一次装夹下完成。因此，选用时要考虑主电动机功率是否能满足粗加工要求，转速范围是否合适；铰孔和攻螺纹时要求低速大扭矩；钻孔时，尤其是钻直径较大的孔时，要验算进刀力是否足够。对有恒切削速度控制的机床，其主电动机功率要相当大，才能实现实时速度跟随，例如 ϕ 360 mm 的数控机床，主电动机功率可达 27 kW。可用单位时间的金属切除率来衡量机床粗加工的效率，例如，当加工中心电动机功率为 7.5~12 kW 时，通常条件下切削钢，金属切除率为 200~300 cm^2/min。

4. 加工精度及精度保持性

影响数控机床加工精度的因素很多，如编程精度、插补精度、伺服系统跟随精度、机械精度等，在机床的使用过程中还会有很多影响加工精度的因素，如温度的影响，力、振动、磨损的影响等。选用机床时，用户应主要考虑综合加工精度，即先加工一批零件，然后进行测量，统计、分析误差的分布情况。

5. 设备运行的可靠性

设备故障是非常麻烦的问题，特别是同类设备台数少时，设备故障将直接影响生产。衡量设备的可靠性可简单地采用下面两个指标：

① 平均无故障时间（Mean Time Between Failure，MTBF），其值可计算如下：

$$MTBF = 总工作时间/总故障次数（h）$$

② 平均排除故障时间（Mean Time To Repair，MTTR），即从出现故障直到故障排除且设备恢复正常为止的平均时间。

从以上两个指标看，所选择的设备要少出故障，同时还需要考虑生产厂家的售后服务，即排除故障要及时。

6. 刀库容量与换刀时间

数控机床的转塔刀架有 4~12 把刀，大型机床还多些，有的机床具有双刀架或三刀架。按加工零件的复杂程度，一般选取 8~12 把刀已足够（其中包括备用刀）。加工中心的刀库容量有 10~40 把、60 把、80 把、120 把等配置，选用时应以够用为原则。

因换刀方式和换刀机构不同，加工中心的换刀时间为 0.5~15 s。小于 5 s 时，对换刀机构的性能要求较高，直接影响到造价，应根据加工的进度和投资综合考虑。

数控车床的换刀时间，由于其结构较加工中心简单，相邻刀具更换只需 0.3 s，对角换刀需 1 s 左右。

另外，为使机床正常运行，数控技术人员对刀具系统的配用和购置各种刀具的数量也应充分重视。刀具的购置费有时相当高，特别是加工中心的刀柄，每把需几百元甚至上千元。

7. 附件及附属装置的选用

附件及附属装置主要包括冷却装置、排屑装置等。现代数控机床都使用大流量的冷却液，不仅可以降低切削区的温度，保证高效率地切削，而且可以起到冲屑的作用，配有排屑装置时，还可以保证加工自动、连续地进行。

有的数控机床采用刀具内冷却系统，如带冷却液孔的钻头等；有的车床的冷却液从转塔刀盘中流出，直接冲到刀具切削区；有的加工中心的冷却液从主轴套周围的孔冲出，不仅能使刀具充分冷却，还能带走主轴蒸发出的热量。

机床导轨的润滑应广泛使用集中自动润滑装置，其可按编程的时间，间歇供油，当储油池油量不足时，该装置将发出报警信号。

用数控车床切断棒料时，利用工件收集装置，将切下的工件收走。加工中心可以加装交换工作台，以使装卸工作的时间与机动时间重合。

为了充分利用数控机床，最好使用机外调刀，这时机床就需要配备调刀仪或调刀机。一台调刀仪（机）可为多台机床服务，购置时数控技术人员应考虑其负荷量。

近年来，各种刀具的破损监控和磨损监控系统出现，刀具磨损后可自动补偿，刀具破损后自动停机。此外，还有精度监控装置，其使用接触式测头监控工件精度，当快要超差时，系统自动进行补偿，还可对机床进行温度监控并自动补偿。其他还有切削力、振动、噪声等监控技术，其中有的已成熟，有的尚不稳定，但都会增加造价，选择时数控技术人员应当慎重考虑。

有的数控系统有前、后台编辑功能，即在机床加工时，数控系统可以进行新程序输入、程序的编辑或修改等操作，以提高机床的开发率。现代数控系统都有与通用计算机的通信功能，且一般都使用 CAD/CAM 软件或专用编程机进行通信。

8. 投资决策

数控机床的效率高，但初期投资比普通机床高几倍，因而投资要慎重。在技术方面进行可行性论证以后，数控技术人员还要会同财会人员进行投资决策分析。一般从经济角度来看投资过程，投资是为挖掘生产潜力而支出资金，并利用这种潜力收回资金。投资决策的方式可分为工艺对比方法计算和投资计算。工艺对比方法计算是指使同一种工件用不同工艺方法达到相同的质量要求，然后比较制造成本。投资计算，主要是从利润的角度来做比较，常用的方法是统计法，以相当的实际值计算收入和支出，计算利润率和回收期。计算公式如下：

$$回收期 = 投资额/每年平均回收额（年） \tag{6.1}$$

9. 考虑厂家的售后服务

这是一个很重要的方面，厂家的售后服务包括对买方人员的培训、技术支持、排除故障的快速性及保障程度等。

10. 考虑设备的模块化程度

模块化程度即某些部件、电路板在损坏后可否方便地更换或替代。

6.2　数控机床的安装与调试

6.2.1　数控机床的安装

1. 对数控机床地基和环境的准备

在与制造厂签订购置数控机床的合同后，买方企业即可向制造厂索取机床安装地基图、安装技术要求及整机用电量等有关接机准备的资料。小型数控机床，只对地坪有一定的要求，不用地脚螺钉紧固，只用支钉或减振垫来调整机床，以使其处于水平状态。中、大型机床（或精密机床）需要做地基，并用地脚螺钉紧固。精密机床还需要在地基周围做防振沟。

电网电压的波动应控制在 −15% ~ +10%，否则数控技术人员应调整电网电压或配置交流稳压器。数控机床应远离各种干扰源，如电焊机，高频、中频热处理设备和一些高压或大电流易产生火花的设备，与其距离要大于 500 m。数控机床不要安装在太阳能直射的地方，环境温度、湿度应符合说明书的规定，绝对不能安装在有粉尘产生的车间里。

2. 数控机床的初始就位

机床拆箱后，数控技术人员首先找到随机的文件资料，找出机床装箱单，按照装箱单清点包装箱内的零部件、电缆、资料等是否齐全；然后按机床说明书中的要求，把组成机床的大部分部件在地基上就位。就位时，垫铁、调整垫板和地脚螺栓等也应相应对号入座。

3. 机床各部件的组装连接

机床各部件组装连接前，数控技术人员首先应做好各部件外表面的清洁工作，并除去各部件安装连接表面、导轨和运动面上的防锈涂料，然后把机床各部件组装连接成整机。当组装连接时，立柱、数控装置柜、电气柜等需要装在床身上，刀库机械手需要装在立柱上，床身上装上加长床身等，均要使用机床原来的定位销、定位块和其他定位元件，使各部件的安装位置恢复到机床拆卸前的状态，以利于下一步的精度调试。

各部件组装完毕后，再进行电缆、油管和气管的连接。机床说明书有电器接线图和液压、气压管路图，可以根据该图把有关电缆和管道接头按标记对应接好。连接时应注意整洁和可靠地接触及密封，并注意检查有无松动和损坏。电缆线头插入后，一定要拧紧紧固螺钉，以保证接触可靠。油管、气管在连接过程中，要特别防止污物从接口中进入管路，以避免整个液压系统出现故障。管路连接时，所有管接头都必须对正拧紧，否则，在试车时往往由于一根管子渗漏而需要拆下一批管子，导致返修工作量很大。电缆和油管全部连接完毕后，还应做好各缆线及管子的就位固定、防护罩壳的安装工作，以保证机床外观整齐。

4. 数控系统的连接

数控系统开箱后，数控技术人员首先应仔细检查系统本体和与之配套的进给速度控制单元，以及伺服电动机、主轴控制单元及主轴电动机，检查它们的包装是否完整无损，实物和订单是否相符。此外，还须检查数控柜台内插接件有无松动，接触是否良好。

其次，进行外部电缆的连接。外部电缆的连接是指数控装置与外部 CRT/MDI 单元、强电柜、机床操作面板、进给伺服电动机动力线与反馈线、主轴电动机动力线与反馈信号线的连接以及与手摇脉冲发生器等的连接。这些连接应符合随机提供的连接手册的规定。另外，还应进行地线连接，地线应采用辐射式接地法，即将数控柜中的信号地、强电地、机床地等连接到公共接地点上。

数控柜与强电柜之间应有足够粗的保护接地电缆，一般采用截面积为 5.5 ~ 14 mm^2 的接地电缆。而总的公共接地点必须与大地接触良好，一般要求接地电阻小于 4 Ω。

最后，接通数控柜电源并检查输出电压是否正常。接通数控柜电源以前，先将电动机的动力线断开，这样可使数控系统工作时不引起机床运动；但是，应根据维修说明书对速度控制单元做一些必要的设定，以避免因电动机动力线断开而报警。然后接通电源，首先检查数控柜各个风扇是否旋转，并借此确认电源是否接通；再检查各印制线路板上的电压是否正常，各种直流电压是否在允许的波动范围内。

6.2.2　数控机床的调试

机床调试前，数控技术人员应按说明书要求给机床润滑油油箱、润滑点灌注规定的油液和油脂，用煤油清洗液压油箱及滤油器并灌入规定牌号的液压油，接通外界输入气源。

1. 通电试车

机床通电试车，首先对各部件分别供电，再做全面供电试验。通电后，首先观察有无报警故障，然后用手动方式陆续启动各部件，并检查安全装置是否起作用，能否正常工作，能否达到额定的工作指标。例如，启动液压系统时，检查液压泵电动机的转向，系统压力是否可以形成，液压元件能否正常工作等。通电试车过程应严格遵守机床操作说明书的操作要求，检查机床主要部件的功能是否正常、齐全，使机床各部件都能操作、运动。

其次，调整机床的床身水平，粗调机床的主要几何精度，再调整重新组装的主要运动部件与主机的相对位置，如机械手、刀库与主机换刀位置的校正，APC 托盘站与机床工作台交换位置的找正等。这些工作完成后，用快干水泥灌注主机和各附件的地脚螺栓，整个预留孔要灌平，水泥完全固化以后，就可以进行下一步工作了。

在数控系统与机床联机通电时，虽然数控系统已经确认工作正常，无任何报警，但为了预防万一，应在接通电源的同时，做好按压急停按钮的准备，以便随时切断电源。在检查机床各轴的运转情况时，用手动连续进给移动各轴，通过数字显示器的显示值检查机床部件的移动方向是否正确。如方向相反，则应将电动机的动力线与检测信号线反接。然后，检查各轴的移动距离是否与移动指令相符，如不相符，则应检查有关指令、反馈参数及位置控制环增益、丝杠的螺距设置等参数的设定是否正确。随后，用手动进给，以低速移动各轴，并使它们碰到超越开关，以检查超程限位是否有效，数控系统是否在超程时会发出报警。

最后，还应进行一次返回基准点的动作。机床基准是以后机床进行加工的程序基准位置，因此，必须检查有无返回基准点功能以及每次返回基准点的位置是否完全一致。

2. 机床精度和功能的调试

① 使用精密水平仪、标准方尺、平尺和平行光管等检测工具，在已经固化的地基上用地脚螺栓垫铁精调机床主床身的水平，并在找正水平后移动床身上的各运动部件，例如，立柱、溜板和工作台等，观察各坐标全行程内机床的水平变化情况，调整机床的几何精度在允差的范围之内。调整时，主要以调整地脚螺栓垫铁为主，必要时可稍微改变导轨上的镶条和预紧滚轮，以使机床达到出厂精度。

② 应用 G28 Y0 Z0 等程序让机床自动运动到刀具交换位置，再以手动方式调整好装刀机械手和卸刀机械手相对主轴的位置。

调整时，一般用一个校对心棒进行检测。出现误差时，可以通过调整机械手的行程，移动机械手支座和刀库位置等，必要时还可以修改换刀位置点的设定。调整完毕后，紧固各调整螺钉及刀库地脚螺栓，然后装上几把刀柄，进行多次从刀库到主轴的往复自动交换，要求动作准确无误，不得出现撞击和掉刀现象。

③ 对带有 APC 交换工作台的机床，应将工作台移动到交换位置，再调整托盘站与交换台面的相对位置，以使工作台自动交换时动作平稳、可靠、正确。然后，在工作台面上对装有 70% ~80% 的允许负载，进行承载自动交换，确认正确无误后，紧固各有关螺钉。

④ 检查数控系统中参数的设定是否符合随机资料中规定的数据，然后试验各主要操作功能、安全措施、常用指令执行情况等，如各种运动（手动、点动、MDI、自动等）方式、主轴挂挡指令、各级转速指令等是否正确无误。

⑤ 检查机床辅助功能及附件的正常工作，例如，照明灯、冷却防护罩和各种护板是否完整，切削液箱注满冷却液后喷管能否正常喷出切削液，在用冷却防护罩的条件下是否有切削液外漏，排屑器能否正常工作，主轴箱的恒温油箱是否起作用等。

3. 机床试运行

数控机床在带有一定负载的条件下，经过较长时间的自动运行，可以比较全面地检查其功能及工作可靠性，称为数控机床的试运行。试运行的时间一般采用每天运行 8 h，连续运行 2~3 天；或每天运行 24 h，连续运行 1~2 天。

试运行中采用的程序称为考机程序，数控技术人员可以采用随箱技术文件中的考机程序，也可以自行编制一个考机程序。一般考机程序中应包括：主要数控系统的功能使用，自动换取刀库中 2/3 以上的刀具，主轴最高、最低及常用转速，快速及常用的进给速度，工作台面的自动交换，主要 M 指令等。试运行时，刀库应插满刀柄，刀柄质量应接近规定质量，交换工作台面上应加有负载。在试运行时间内，除操作失误引起的故障外，机床不允许有其他故障出现，否则表明机床的安装与调试存在问题。

6.3　数控机床的试切检验

6.3.1　数控机床切削检验的作用

每台数控机床在出厂前应对各种功能进行全面的检验，检验该数控机床的性能指标所定义的所有功能是否能够准确无误，并达到设计指标。许多机床制造厂专门设计了验收零件、制定专门的工艺文件和零件加工程序。因此，数控机床的典型试件切削和检验是机床验收的重要依据之一。

具体地讲，通过对零件进行试切，可以达到以下目的。

（1）对机床进行实际工作精度进行快速检验。

（2）真实评价数控机床切削性能的优劣。

（3）对数控机床工作精度的检测，有助于使切削行为量化。

（4）有助于解决机床精度存在的实际问题。

（5）可帮助研发人员有针对性地不断提升机床的性能。

（6）零件试切又是供需双方的一次重要的交流。一方面用户可以把试切看作是对自己的应用培训，试切可以缩短用户对工艺的认知周期；另一方面，供应商可以进一步了解具体行业用户对机床产品的特殊需求，深入掌握不同行业用户的实际工艺特征。

6.3.2 对数控机床切削检验的要求

数控机床的切削验收，要按照机床出厂合格证书上提供的 ISO 或 NAS 标准，设计出具有典型性的专门试件，完成各项技术性能指标的检测。

机床的实际切削精度会受到机床的机械性能、控制系统的性能、试件的型面特征、加工材料、刀具、夹具、加工方法、切削工艺与路线规划、操作水平等诸多因素的影响，如图 6.1 所示。因此，为了获得一台机床的真实工作精度指标，必须排除与机床无关因素对切削性能的影响。

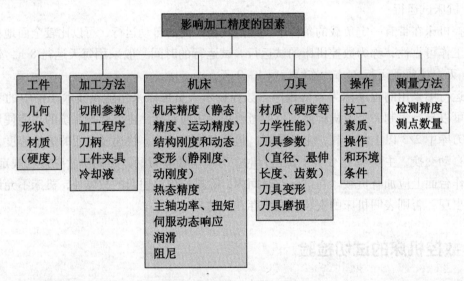

图 6.1　影响加工精度的因素

6.3.3 数控机床精度检验的内容与方法

数控机床的验收检验试件一般按照用途可分为机床精度检验试件和机床性能检验试件两类。各种数控机床精度检验的常用检测仪器、检测内容和方法见表6.1。

表 6.1　各种数控机床精度检验的常用检测仪器、检测内容和方法

仪器	检测内容	测量方式
激光干涉仪	定位、重复定位精度、直线度、垂直度、俯仰与偏摆、平面度、平行度等	激光非接触式

续表

仪器	检测内容	测量方式
球杆仪	圆度、中心偏、反向间隙、垂直度等	双球接触式两轴联动
主轴误差调试仪	主轴径向同步和异步误差、轴向同步和异步误差、轴向热态伸长量、径向热变形、热倾斜误差、中心偏置等	激光或电容非接触式
三坐标测量机	点、线、面、圆、球、圆柱、圆锥等直线度、平面度、圆度、圆柱度、垂直度、倾斜度、平行度、位置度、对称度、同心度等形位公差的计算	高精度测头接触式或激光非接触式
KGM182	圆弧精度、自由形状运动精度	读数测头和二维栅格光栅非接触测量
VM182	线性和非线性误差、反向误差	测头和光栅尺非接触
R – TEST	转动轴相对直线轴的同步误差	3 个方向接触式或非接触式位移传感器

6.3.4　数控机床试切检验的条件

（1）试切件的设计

对试切件的设计，数控机床生产厂商一般会在产品验收时严格依据标准执行，但也会依据用户的特殊需求或企业产品升级对检验允差提出更高的要求。

（2）试切件的材料

通常作为机床出厂前的验收，试切件的材料采用实际生产中较常用的 45# 钢、7075 铝合金、HT200 铸铁，除此之外，还会根据用户的产品特点，进行相应特殊材料的试切。

（3）试切时的刀具选用

数控车削样件试切时，要根据样件的要素特征和机床的刀架配置情况进行综合考虑，选用相应参数的刀具。

数控铣削试切加工时，试切件的所有外表面推荐选用 $\phi 32$ mm 的硬质合金立铣刀加工。孔加工推荐选用相应直径的钻头和镗刀进行加工。

6.3.5　数控机床的试切检验实例

（1）数控车床的试切

各个机床厂的验收试切件都是根据其机床的性能指标及用户的特殊要求而设计的。如图 6.2 所示为典型的数控车床试切件，该件有如下几个特点：

① 在要素特征方面，该件工艺包含端面、柱面、小锥面、大锥面、圆弧面、退刀槽、

螺纹等各种典型工艺。

② 在功能与性能方面，该件需要检验刀具半径补偿、固定循环、螺纹循环、自动倒角等数控编程功能。检验反向间隙对零件几何精度的影响、刀具路径等。

③ 在零件加工质量检验方面，该件的质量检验包括选取不同的切削参数，对零件表面粗糙度的检验、尺寸精度的检验、轮廓精度的检验、螺纹质量的检验等。

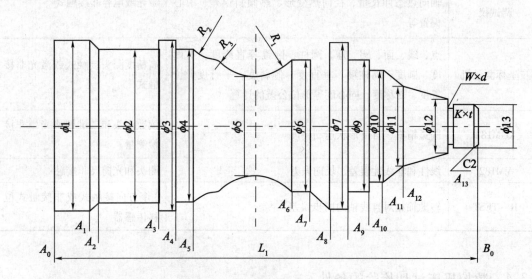

图 6.2 典型的数控车床试切件

首先我们仔细阅读图纸，并回顾所学过的相关理论知识，然后分析该试切件所能完成的机床精度检验项目，一些具体内容如下：

① 基准的概念与实际应用。各截面的轴向尺寸 $A_1 \sim A_{13}$ 以 A_0 为设计基准进行尺寸标注，是否满足基准重合原则？轴向尺寸 $A_1 \sim A_{13}$ 以 B_0 为设计基准进行尺寸标注，以上两者之间有什么区别？

② 根据试切件的要素及几何特征选择刀具。完成零件试切需要哪几种刀具？该零件轮廓精加工需要什么特征参数的刀具？是否可以通过查阅相关的刀具手册，选择轮廓精加工相应的刀具？

③ 如图 6.3 所示给出了该试切件的刀具路径轨迹，根据刀具路径，判断出选择的刀具是否正确？

④ 由于数控机床的进给机构有反向进给间隙，数控机床在进行平面插补时，过象限会产生圆度误差（见图 6.4），会对零件几何尺寸精度有影响。试切件中哪两个尺寸适合检验机床反向进给间隙的影响？

⑤ Z 轴反向切削试验的加工要素是哪段？

⑥ 螺纹试切加工检验的目的是什么？

……

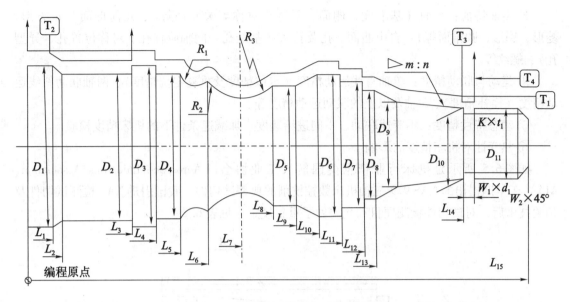

图 6.3 数控车床试切件的精加工路线

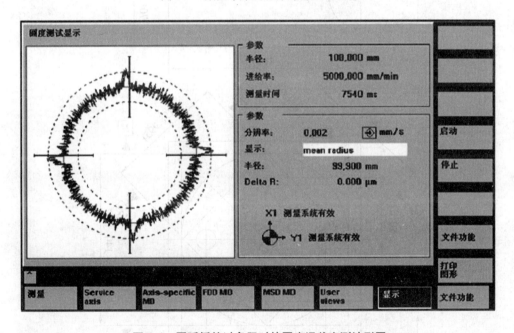

图 6.4 圆弧插补过象限时的圆度误差实测波形图

（2）数控铣床/加工中心的样件试切

数控铣削机床的精度检验试切件与数控车削相比，涵盖的检验内容更丰富些，主要包括以下几方面：

① 加工方法：面铣、侧刃铣、钻孔、镗孔、自由曲面加工、螺纹铣削等。

② 刀具类型：钻头、立铣刀、面铣刀、镗刀、球头刀、螺纹镗刀等。

③ 型面特征：平面（基准面、侧面、平行与对称等关联面等）、几何形面（正方形、菱形、圆形、圆锥面等）、自由曲面、孔及孔系（基准孔、同轴阶梯孔、对称位置孔、异型孔）、螺纹等。

④ 运动与联动精度：单轴直线运动精度（定位精度及重复定位精度）、两轴联动斜线运动精度（插补精度）、3 轴及以上的联动运动精度等。

⑤ 动态特性精度：不等速联动、不同进给速度、加减速条件下的机床精度检验。

⑥ 热变性对机床精度的影响。

如图 6.5 所示是机床行业依据美国航天工业协会（Aerospace Industries Association，AIA）于早期提出的 NAS 979 三轴机床数控铣削的典型试切件。我国引进 NAS 检测试切件及相关技术后，对试切件检测项目和允差做了重新规定，见表 6.2。

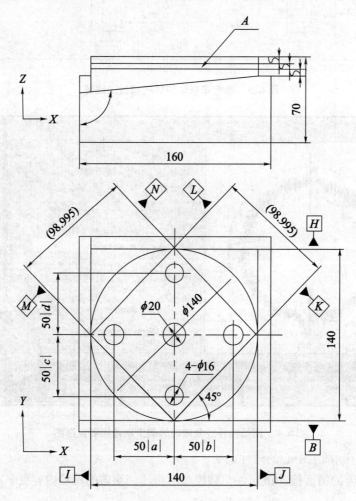

图 6.5　NAS 979 三轴机床数控铣削的典型试切件（NAS 979 4. 3. 3. 5. 1）

表6.2 试切件检验项目和允差

检验部位	检验项目允差/mm	检验部位	检验项目允差/mm
圆台 ϕ140	圆度 0.01	孔距 50 $\lvert a \rvert$	尺寸公差 ±0.005
圆台 ϕ140 与孔 ϕ20	同轴度 0.01	孔距 50 $\lvert b \rvert$	尺寸公差 ±0.005
端面 H 与端面 B	平行度 0.01	孔距 50 $\lvert c \rvert$	尺寸公差 ±0.005
端面 I 与端面 B	垂直度 0.01	孔距 50 $\lvert d \rvert$	尺寸公差 ±0.005
端面 J 与端面 B	垂直度 0.01	ZX 平面角度 95°	角度公差 ±20″
45°斜面 L 与斜面 K	平行度 0.01	YZ 平面角度 95°	角度公差 ±20″
45°斜面 M 与斜面 K	垂直度 0.01	切削平面 A	粗糙度 Ra 0.8
45°斜面 N 与斜面 K	垂直度 0.01	切削平面 A	平面度 0.01

对 NAS 979 试切件的图纸及表6.2的检测项目进行综合分析,可以看出:

① 该试切件的边长为 98.995 mm 的正方形方台是直径为 ϕ140 mm 圆台的内接四边形,而 ϕ140 mm 圆台又是边长为 140 mm 方台的内接圆,三者之间联系紧密。加工这三个平台,对机床的几何精度、运动精度、插补精度要求都很高。

② 在孔及孔系当中,ϕ20 mm 的孔为基准孔,4 − ϕ16 mm 与 ϕ20 mm 之间的孔距 50 $\lvert a \rvert$ ~ 50 $\lvert d \rvert$,都是以其为基准的。它们之间具有几何对称性,因此在编制工艺路线时,要注意反向间隙对定位精度的影响。

③ ZX、YZ 平面倾斜角度 95°的角度公差 ±20″控制。

④ 切削平面 A 的表面质量(粗糙度 Ra 为 0.8、平面度为 0.01 mm)控制。

如图6.6所示是国际标准化组织在其标准 ISO 10971 − 7 中提出的机床验收工作精度的试切件,该试切件用来检测机床使用铣、镗、钻等加工方法,在多种插补方式下精加工不同型面特征的精度。同时,该试切件对试切时的检测也提出了相应的要求:为获得直线度、垂直度和平行度的偏差,测头至少应包含 10 个测点;对于圆度和圆柱度的检验,如果测量为非连续性的,则在每个平面高度应至少检测 15 个测点。

随着数控技术的应用领域越来越广,试切件的种类也不断地丰富和多样化。各个机床制造厂的验收试切件都是根据其机床的性能指标而设计的,目的是即可验证数控机床的性能指标,加工出的工件又可以作为数控机床的活广告,同时又可以给用户提供一个加工的实例。

国内机床厂应用 NAS 979 标准对数控机床工作精度进行检验,保留原标准中的试切件形式,将 7075 铝合金材料更改为国内普遍应用的 HT200,试切件的所有外表面推荐选用 ϕ32 mm 的硬质合金立铣刀加工。ϕ20 mm 和 ϕ16 mm 的孔推荐选用相应直径的钻头和镗刀进行加工。

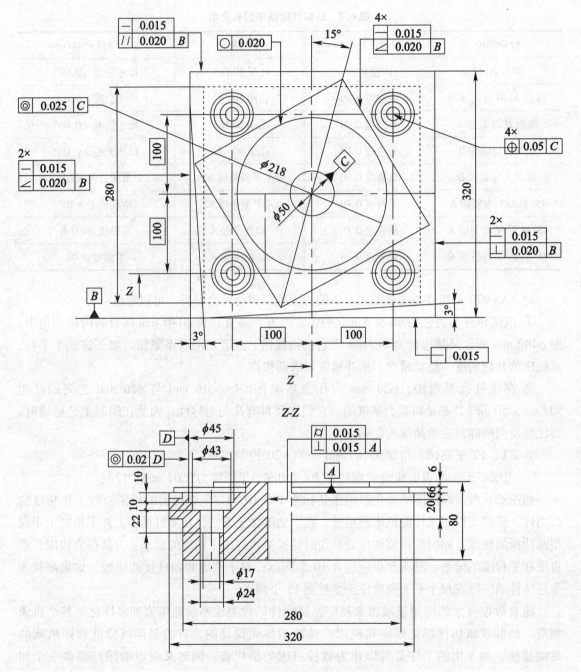

图 6.6　ISO 10791－7 检测试切件

（3）模具加工的试切件

当数控机床的用户是以模具加工为主导产品时，就应该根据用户的需求，进行自由曲面的加工试切。自由曲面的加工是对数控机床机械刚性的考验，模具的加工对数控机床传动系统的刚性要求非常高。如果数控机床的机械刚性低，传动系统的固有频率也低。当加工的自由曲面出现大的曲率变化时，会导致数控机床坐标轴的加速度突变。刚性低的传动系统，此时会出现振动，导致曲面的畸变或表面粗糙度增大。同样的数控系统、同样的工件、同样的切削参数，在不同的机床上进行加工，结果可能是不一样的。因此，用于自由曲面加工的数控机床，一定要在出厂前进行切削实验。

如图 6.7 所示是加工中心用于数控铣削模具加工的典型试切件，该试切件的目的是测试数控机床的动态特性、主轴性能、工件表面的加工质量和数控系统的数据处理能力。

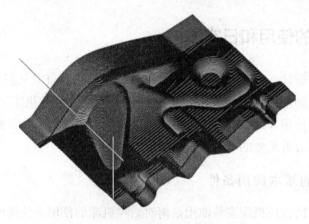

图 6.7　数控铣削模具加工的典型试切件

（4）数控机床切削性能检验的试切件

数控机床的试切检验除工作精度的检验外，还需要关注机床切削性能的检验。这项工作的重点是机床切削能力极限的检验，以及保证稳定切削时可能获得的最大切削极限，从而实现机床最大切削效率的检验。

① 重切削检验。数控机床在样机定型或出厂验收时，一般要经过重切削性能检验。检测时需要对标准试料进行切削，记录达到最大负荷时的扭矩、功率及轴向抗力等数据。数控机床重切削测试可以检验机床的材料去除率和最大进给速度两项性能。

机床的重切削通常采用铸铁或45#钢材料。用多齿面铣刀切削（齿数≤5），试切件尺寸宽度为 $1D \sim 2D$，长度为 $3D \sim 4D$，高度为 $0.75D \sim 1D$，其中 D 为面铣刀的直径。

衡量数控机床的重切削能力的指标如下：一般高品质机床每千瓦的材料去除率应大于 28 cm^3，中等品质的机床每千瓦的材料去除率应大于 25 cm^3，而普通品质的机床每千瓦的材料去除率为 20 cm^3。

② 高速转角过切检验试切件。由于数控机床在切削的动态过程中，特别是在高速运动下，在转角处容易出现过切现象，因此，机床制造厂专门设计了多种用于检测数控机床转角切削精度的验收件，来检测与综合评定数控机床的切削精度。

③ 热态性能检验试切件。专门设计的试切件可以测试热变性对机床精度的影响，以及衡量热补偿的效果，进一步提高数控机床的实际应用精度。

④ 插补精度检验试切件。专门设计的试切件可以结合对刀具路径及刀具方位角的自适

应控制，检测与评价采用纳米控制技术等后的表面加工质量。

⑤ 机床电气优化检测试切件。专门设计的试切件可以用于检验电气调试后机床机电特性的匹配情况，以达到最佳的优化结果。

⑥ 其他。样件试切还可以针对当前机床的最新技术，包括机床的重心驱动（Drive in Centre of Gravity，DCG）、前站功能（Look Ahead Function on Machine，LAF）、高速主轴（20 000 ~ 60 000 r/min）、直线电动机驱动等进行测试检验与研究。

6.4　数控机床的使用和日常维护

一台数控机床在设计、制造的过程中采取了各种措施来保证其运行的可靠性和稳定性，但是，如果数控机床的使用现场没有一个良好的运行环境，数控机床的设计指标也很难达到。其实数控机床的使用和维护，在数控机床的生命周期中起着至关重要的作用，同时也对数控机床的使用寿命有着重要的影响。

6.4.1　数控机床的基本使用条件

机床制造厂提供的数控机床安装使用指南对数控机床的使用条件提出了明确的要求，主要包括数控机床运行的环境温度、湿度、海拔高度、供电指标、接地要求、振动等。因此，我们要特别注意保证以下使用条件：

（1）环境温度是保证机床正常工作的首要条件

一般环境温度不应超出 0 ℃ ~ 40 ℃ 的温度范围。机床制造厂提供的精度指标是基于标准测试条件下的精度。如果环境温度超标，数控机床的设计精度指标是难以达到的。

（2）确保地基牢靠

数控机床工作的地基也会影响定位精度。如果车间的地基不牢靠，机床的动态特性要受到影响，数控机床就不能在高速度或高伺服增益下正常工作。

（3）保证电源稳定可靠

电源是数控机床正常工作的最重要指标，没有一个稳定的供电电源，数控机床就不可能稳定可靠地工作。

（4）重视保护接地

数控机床的保护接地是一个普遍存在的问题，一些数控机床的用户对中性线和地线的区别认识模糊，数控机床在生产现场的保护接地是影响可靠性的一个重要因素。

（5）正确使用中性线

中性线是供电电网中消除电网不平衡的回路，虽然中性线在变电站一处已经被做了接地处理，但是中性线绝对不能作为保护接地使用。不平衡电流产生的电压还可能导致电气柜中的电气部件损坏，因此，我们绝对不能将车间三相电源的中性线作为保护接地与数控机床的 PE 端子连接。

6.4.2　数控机床的日常维护和保养

数控机床的日常维护是数控机床运行的稳定性和可靠性的保证，也是延长数控机床使用寿命的手段。数控机床的日常维护和保养的项目，在机床制造厂提供的机床使用说明书中有着明确的描述。数控机床使用过程中的维护和保养是使数控机床创造更多价值的重要手段。

1. 数控机床的开电和关电

数控机床的开电和关电看起来是一件非常简单的任务，但是很多潜在的故障都有可能在这个过程中发生。

① 在高温、高湿的气候环境中，用户应检查电气柜中是否有结露的现象，如果发现有结露的迹象，绝对不能打开数控机床的主电源。否则结露造成的电气部件损坏将会影响生产。

②数控机床关电的一般要求是必须断开伺服驱动系统的使能信号后，才能关闭主电源。用户在使用数控机床时，一定要参阅机床厂提供的技术资料，了解机床对关电的要求。其实，先急停、再断主电源的方法是保险的安全关电方法。

2. 与外部计算机的联机使用

随着计算机技术、软件技术的发展，越来越多的用户使用计算机辅助设计和计算机辅助制造（CAD/CAM）系统设计零件的加工程序。CAD/CAM 系统生成的零件程序需要很大的内存空间，而且往往超出数控机床的内存极限。因此，对于超长的零件程序数控机床大多采用在线加工的方式。所谓在线加工，是指零件程序存储在计算机的磁盘上，数控机床通过串行通信接口与计算机连接，通过边传输、边加工的方式运行零件程序，如图 6.8 所示。

图 6.8　利用 RS232 接口串行通信进行在线加工

在线加工的通信方式大多采用 RS232 接口。RS232 接口采用共地通信方式（见图 6.9），使得 RS232 通信的可靠性受到工业环境的影响。从数控机床使用者的角度讲，用户必须保证外部计算机与数控系统之间共地，否则不仅通信的数据可能受到影响，而且极易导致数控系统和计算机的硬件损坏。

保证计算机与数控系统共地的基本措施是计算机与数控机床共用电源。为避免由 RS232 接口在用户生产现场的共地问题引起的硬件损坏，有些机床厂为其生产的数控机床配备了 RS232 接口隔离器，如图 6.10 所示。RS232 接口隔离器将通信信号通过光电元件隔离，这样，即使计算机与数控机床使用不同的电源供电，也不会导致任何硬件故障或损坏。

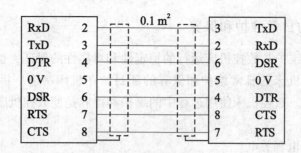

图6.9　RS232接口通信电缆的连接（插头为9孔D型）

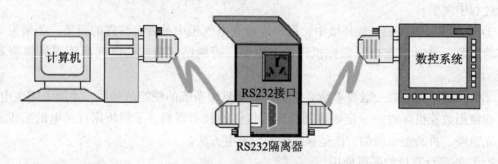

图6.10　RS232接口隔离器

　　无论数控机床是否配备了RS232接口隔离器，要保证通信质量和硬件的可靠性，外部设备与数控机床使用同一个电源是最简单、有效的方法。

　　3. 日常维护和保养

　　日常的维护和保养可以避免或减少数控机床的故障，或者用户可以提早发现潜在的故障，并及时采取防范措施。所以，数控机床的日常维护和保养是数控机床稳定、可靠运行的基本保证。数控机床定期保养的项目通常有以下几个：

　　① 通过数控系统的维护信息，或者通过专用的调试软件工具，检查各轴伺服驱动系统的空载电流。空载电流是指不加工时坐标轴空载运动所需的电流。如果发现电流增大，则表明传动系统可能存在机械故障。这时需要打开机床的防护罩，检查运动部件的润滑状况，检查有无明显的磨损，检查用于导轨润滑的润滑液位，将润滑剂加注到规定的液位。

　　② 检查数控机床电气柜的状况，如果电气柜的冷却采用风扇驱动空气的内外循环，则应检查电气柜的进气口过滤材料是否需要更换。对于采用空气内外循环的电气柜，还应该检查电气柜中各部件的外部清洁状况，如果灰尘过多，则应采取措施进行清洁，否则可能在今后的运行中出现硬件故障。

　　如果数控机床的电气柜采用工业空调冷却，则需要定期检查冷却的效果。如果制冷效果差或者不制冷，电气柜中的温度过高可能会导致数控系统工作不稳定，甚至导致电气柜中的部件损坏。因此，如果发现空调的制冷效果不好，应及时检修，例如加注制冷剂。

　　③ 检查用于数控机床保护接地的接地电阻是否在规定的指标内。

④ 检查各轴的反向间隙，如果发现反向间隙超出数控机床出厂时的数据，则说明滚珠丝杠可能磨损或出现配合问题。这时，最理想的措施是对机械部件进行调整。调整数控系统的反向间隙补偿值，也可以减小或消除反向间隙，这种方法可能会掩盖机械上存在的问题。对于过大的反向间隙，尽管数控机床采取补偿的措施，其动态特性也会受到很大的影响。

同样，数控机床需要检查各个坐标轴的定位精度。定位精度的下降是丝杠磨损或装配故障的表现。与反向间隙一样，补偿不能根本解决问题，最佳的解决方案是首先解决机械上存在的问题。

⑤ 检查刀具冷却使用的冷却液是否充足，是否过期老化，应该根据情况加注或更换冷却液。

⑥ 有些数控机床采用高速主轴时配有主轴冷却系统，需要检查主轴的冷却效果，进而决定是否需要加注冷却液。

⑦ 检查液压系统的过滤器是否需要清洗或更换，检查气动系统的滤清器是否需要清洗或更换。

⑧ 检查生产现场的环境、温度、湿度，空气中是否有导电粉尘，空气中油雾的浓度。

⑨ 检查车床主轴的皮带是否磨损。

一台数控机床是否能够按照设计指标充分发挥作用，日常的维护和保养是十分重要的。许多企业都配置了设备管理机构，并且制定了完备的设备管理规程；也有一些企业将设备管理外包，委托专业设备维护公司对其生产现场的数控机床进行维护和保养。其目的都是保证数控系统的稳定运行。

6.5　数控机床的故障诊断

数控机床是一种典型的机电一体化产品，作为精密金属加工设备，数控机床的各种功能都基于机械和电气的完美配合。一台数控机床的品质首先取决于数控机床的机械总成，即机械部件的质量和整机装配的质量。而依靠数控系统的补偿功能来弥补机械上的缺陷或误差的数控机床不可能成为高品质的产品。数控机床不仅在设计和调试过程中需要机械和电气的密切配合，在故障诊断中更需要机械和电器技术人员精诚协作。

数控机床在使用过程中可能发生故障，其主要有机械故障、电气故障、操作故障、编程故障。对出现的故障进行正确、准确地分析，并确定合理的解决方案，使数控机床能够迅速恢复生产，并且能够避免今后出现同样的故障，是数控机床的使用者、设计制造者、元器件生产者共同关注的问题。

6.5.1　数控机床的故障分类

（1）按故障内容分类

按故障内容，数控机床的故障可分为机械故障和电气故障。

机械故障往往发生在运动部件上，比如丝杠、导轨、轴承、主轴换挡机构、主轴润滑、导轨润滑、液压等。通常，机械故障是通过电气部件表现出来的。例如，由导轨润滑故障导致伺服电动机过载报警，或者伺服电动机温度过高；再如，伺服电动机与丝杠的联轴节松动导致伺服电动机与滚珠丝杠间出现滑动，使得零件报废，或有刀具损坏的现象。

电气故障包括机床上和电气柜中的所有部件的故障，可能出现故障的有继电器、接触器、伺服驱动装置、主轴驱动装置。

（2）按故障现象分类

按故障现象，数控机床的故障可分为可重复性故障和随机性故障。

可重复性故障的特点是在某些特定的条件下故障可以出现。由于这种故障可以重复，所以诊断也相对比较容易。

不可重复的故障往往是随机的，即随机性故障，可能几分钟或数小时或数天，或更长的时间出现一次，所以排除这类故障的难度相当大。此类故障通常与数控机床的电磁兼容性有关。

（3）按故障性质分类

按故障性质，数控机床的故障可分为可恢复性故障和不可恢复性故障。

可恢复性故障往往在排除后系统可以继续运行，但不可恢复性故障往往需要更换部件或重新设置数控系统的参数。

（4）按故障特征分类

按故障特征，数控机床的故障可分为无报警的故障和有报警的故障。

对于无报警的故障，机床的使用者很难排除，例如参考点的误差；有报警的故障又可分为以下几种：

① 硬件故障（驱动器电源模块、驱动器控制板）。

② 编程故障（编程语法错误、固定循环变量不存在）。

③ 操作故障（主轴速度限制、点动速度限制、空运行、程序测试、程序搜索运行等），机床制造厂的报警（机床辅助动作，如冷却、液压、刀库等）。

④ 数控系统提供的报警称为系统报警，系统报警的解释可参考数控系统提供的诊断手册。

（5）按报警号分类

按报警号，数控系统的报警可分为系统报警和用户报警两大类。系统报警是指数控系统根据其诊断能力对硬件、功能、参数、用户零件程序的故障、错误等做出的信息提示。用户报警是指机床制造厂的设计部门，利用数控系统提供的工具，根据机床设计的诊断功能，对相关的机床电气故障、动作错误等做出的信息提示。机床制造厂需要充分利用数控系统的资源，设计机床相关的诊断功能。数控系统为机床制造厂提供的用户报警资源是否充足，是否可以按照用户的语言用文字的形式将准确的报警信息提示给用户，也是衡量数控系统功能的一个重要判据。通常，数控系统可提供丰富的诊断信息，包括硬件、数控通道、进给轴或主轴、标准循环、用户零件程序等方面的诊断信息。机床制造厂为机床设计的相关功能的诊断是否完备，也是衡量数控机床功能的一个指标。机床的诊断功能是设计出来的。

机床的最终用户要分清哪些是数控系统的报警，哪些是机床制造厂的报警，因而用户可以查阅相关的技术资料，或者咨询相关的技术热线。例如，对于 PLC 用户报警，如果咨询数控系统的技术热线，是无法得到答案的。

表 6.3 为某数控系统的报警分类以及报警详细解释所对应的相关资料。

表 6.3　某数控系统的报警分类以及报警详细解释所对应的相关资料

报 警 号	相关内容	相关资料
000 000～009 999	通用报警	数控系统资料
010 000～019 999	通道相关的报警	
020 000～029 999	轴和主轴的报警	
030 000～099 999	驱动器功能报警	
040 000～099 999	PLC 系统报警	
060 000～064 999	标准循环相关报警	
065 000～069 999	用户循环报警	
070 000～079 999	PLC 用户报警	机床制造厂资料

6.5.2　数控机床故障诊断的一般步骤和常用方法

数控机床故障诊断一般包括 3 个步骤：第一步是故障检测。这一步是对数控机床进行测试，检查是否存在故障。第二步是故障判定及隔离。这一步是要判断故障的性质，以缩小产生故障的范围，分离出故障的部件或模块。第三步是故障定位。这一步将故障定位到产生故障的模块或元器件，及时排除故障或更换元件。

数控机床故障诊断一般采用追踪法、自诊断功能、参数检查、替换法、测量法。

（1）追踪法

追踪法是指在故障诊断和维修之前，维修人员先要对故障发生的时间、机床的运行状态和故障类型进行详细了解，然后寻找产生故障的各种迹象。其大致步骤如下：

① 故障发生的时间：

故障发生的时间和次数；

故障的重复性；

故障是否在电源接通时出现；

环境温度如何；

是否有雷击，机床附近有无振动源或电磁干扰源。

② 机床的运行状态：

故障发生时机床的运行方式；

故障发生时进给坐标轴的速度情况；

故障发生时主轴的速度情况；

刀具轨迹是否正常；

工作台、刀库运行是否正常；

辅助设备运行是否正常；

机床是否运行新编程序；

故障是否发生在子程序；

故障是否出现在执行 M、S、T 代码时；

故障是否与螺纹加工有关；

机床在运行过程中是否改变了工作方式；

方式选择开关设定是否正确；

速度倍率开关是否设置为零；

机床是否处于锁定状态。

③ 故障类型：

监视器画面是否正常；

监视器是否显示报警及相应的报警号；

故障发生之前是否出现过同样的故障；

故障发生之前是否维修或调整过机床；

是否调整过系统参数。

接下来可以进行停电检查，利用视觉、嗅觉、听觉和触觉寻找产生故障的各种迹象。例如，仔细观察加工零件表面的情况，检查机械有无碰撞的伤痕，电气柜是否被打开，有无切屑进入电气柜，元器件有无烧焦，印刷电路板阻焊层有无因元器件过电流、过热而烧黄或烧黑，元器件有无松动，电气柜和器件有无焦煳味，部件或元器件是否发热，熔丝是否熔断，电缆有无破裂和损伤，气动系统或液压系统的管路与接头有无泄漏，操作面板上方式开关的设定是否正确，电源线和信号线是否分开安装或分开走线，屏蔽线接线是否正确等。

停电检查之后可以进行通电检查，检查系统参数和刀具补偿是否正确，加工程序编制是否有误，机械传动部分有无异常响声，系统的输入电压是否在正常范围，电气柜内的排风扇是否正常，电气装置内有无打火等。如果出现打火现象，应该立即关断电源，以免扩大故障范围。

追踪法检查是一种基本的检查故障的方法，发现故障后要查找引起故障的根源，采取合理的方法给予排除。在整个过程中，要做好故障诊断与排除的详细文字记录。

（2）自诊断功能

自诊断功能是数控系统的自诊断报警系统功能，它可以帮助维修人员查找故障，是数控机床故障诊断与维修十分重要的手段。自诊断功能按诊断的时间先后可以分为启动诊断、在线诊断和离线诊断。

启动诊断是指数控系统从通电开始到进入正常运行准备为止，系统内部诊断程序自动执行的诊断。启动诊断主要是对 CNC 装置中关键硬件和系统控制软件进行诊断，例如 CPU、存储器、软盘驱动器、手动数据输入（CRT/MDI）单元、总线和输入/输出（I/O）单元等，甚至能对某些重要的芯片是否插装到位、规格型号是否正确进行诊断。如果系统检测到故障，CNC 装置就会通过监视器或数码管显示故障的内容。自动诊断过程没有结束时，数控机床不能运行。

在线诊断是指数控系统在工作状态下，通过系统内部的诊断程序和相应的硬件环境，对数控机床运行的正确性所进行的诊断。CNC 装置和内置 PLC 分别执行不同的诊断任务。CNC 装置主要通过对各种数控功能和伺服系统的检测，检查数控加工程序是否有语法错误和逻辑错误。通过对位置、速度的实际值相对指令值的跟踪状态来检测伺服系统的状态，若跟踪误差超过了一定限度，则表明伺服系统发生了故障。CNC 装置通过对工作台实际位置值与位置边界值的比较，检查工作台运行是否超出范围。内置 PLC 主要检测数控机床的开关状态和开关过程，例如对限位开关、液压阀、气压阀和温度阀等工作状态的检查，对机床换刀过程、工作台交换过程的检测，对各种开关量的逻辑关系的检测等。

在线诊断按显示可以分为状态显示和故障信息显示两部分。状态显示包括接口状态显示和内部状态显示。接口状态以二进制"1"和"0"表示信号的有无，监视器显示 CNC 装置与 PLC、PLC 与机床之间接口信息的传递是否正常。内部状态显示涉及机床较多的部分，例如复位状态显示、由外部情况造成不执行指令的状态显示等。故障信息显示涉及很多故障内容，CNC 系统对每一条故障内容赋予一个故障编号（报警号）。当发生故障时，CNC 装置对出现的故障按其紧迫性进行判断，在监视器上显示最紧急的故障报警号和相应的故障内容说明。

数控机床的伺服驱动单元、变频器、电源、输入/输出（I/O）等单元通常有数码管显示和报警指示灯。当这些装置和相关部件出现故障时，除了监视器显示故障报警信息外，其报警指示灯变亮或数码管显示故障字符。例如，伺服驱动单元与伺服电动机连接的电源线接触不良或伺服系统的检测元件损坏时，伺服驱动单元的数码管将显示代表故障的字符，查阅数控机床使用手册有关报警的章节，可以找到故障的类型和故障的原因。

离线诊断是指数控机床出现故障时，数控系统停止运行系统程序的停机诊断。离线诊断是把专用诊断程序通过 I/O 设备或通信接口输入 CNC 装置内部，用专用诊断程序替代系统程序来诊断系统故障，这是一种专业性的诊断。

（3）参数检查

数控机床的参数设置是否合理直接关系到机床能否正常工作。这些参数有位置环增益、速度环增益、反向间隙补偿值、参考点坐标、快速点定位速度、加速度、系统分辨率等数值，通常这些参数不允许修改。如果参数设置不正确或因干扰参数丢失，机床就不能正常运行。因此，参数检查是一项重要的诊断。

（4）替换法

替换法是指利用备用模块或电路板替换有故障疑点的模块或电路板，观察故障的转移情况。替换法是常用而简便的故障检测方法。

（5）测量法

测量法是指利用万用表、钳形电流表、相序表、示波器、频谱分析仪、振动检测仪等仪器，对故障疑点进行电流、电压和波形测量，将测量值与正常值进行比较，分析故障所在的位置。

6.5.3 数控机床及其系统假期维护指南

在面临假期或其他休产的情况下，针对数控设备的特点，数控机床必须进行节前和节后的维护和生产准备工作，其主要涉及如下步骤：

（1）一定要做好相关数据备份工作

① 检查并记录机床零点位置。

② 记录零偏及刀具补偿等数据。

③ 保存加工程序等信息。

④ 做好整机数据备份。

（2）做好机床清理工作，降低机床故障率

① 卸下并保存好刀具。

② 清理冷却液、润滑液，放空易变质液体。

③ 清理防护罩、床身、刀库等，并做好整机的防锈工作。

④ 清理丝杠、导轨上的废屑和油污，并做好防锈工作。

（3）关机前和关机工作

① 关机前应将准备轴停在行程中间平衡应力位置，以免影响机床的机械精度。

② 关机。

③ 关机后清理电气柜，注意电气柜要进行干燥处理（禁止用气枪，以防止吹进水雾）。

④ 清理冷却风扇、风道的油污和灰尘，并注意防尘处理。

⑤ 关机后断水、断电、断压（气源、油泵等）。

（4）重新开工前的检查工作

① 检查机床线缆外观及连接是否完好无损。

② 检查机床冷却、润滑等外围设备状态。

③ 检查总电源，并开机检查电压、气压、油压等是否正常。

④ 检查是否有报警，若有，逐一排查，若有数据报警，回传节前的数据部分。

⑤ 一切正常后，点动移动各机床轴，并进行机床热机。

练习题

1. 合理选用数控机床需要考虑哪几方面的因素？

2. 如何选择刀库容量与换刀时间？

3. 如何计算平均无故障时间？

4. 对数控机床进行日常保养有何重要性？如何搞好数控机床的日常保养工作？

5. 数控机床的故障诊断常用的方法有哪些？

模拟自测题

1. 填空题

（1）在线加工的通信方式大多采用_____接口。

（2）日常的_____可以避免或减少数控机床的故障，或者提早发现潜在的故障，并及时采取防范措施。

（3）有报警的故障可分为硬件故障、编程故障和_____等。

（4）_____诊断是数控机床出现故障时，数控系统停止运行系统程序的停机诊断。

2. 简答题

（1）简述数控机床的基本使用条件。

（2）简述数控机床日常维护和保养的主要内容。

（3）简述数控机床安装工作的内容和步骤。

（4）简述数控机床的调试内容。

（5）简述数控机床故障诊断的一般步骤。

7 开放式数控系统、智能数控系统及其应用

学习目标

1. 了解开放式数控系统的概念和实现方式。
2. 了解开放式数控系统在机械装备中的应用。
3. 了解智能数控系统和相关智能元器件。
4. 了解数控设备的联网技术。

内容提要

本章主要介绍近年来发展起来的数控技术中的新技术，包括开放式数控系统及其应用、智能数控系统和智能元器件、数控设备的联网技术等内容。

近年来随着计算机技术和网络技术、人工智能技术等相关技术的发展，数控技术的应用更加广泛，数控系统的智能程度也越来越高。应用领域的广泛性主要表现为数控系统越来越多地在其他装备领域特别是在运动复杂和需要各轴协调运动的装备上得到应用。一方面，出现的开放式数控系统可以满足各种运动控制和机械装备的需求；另一方面，数控机床本身越来越向智能化方向发展。因此，本章主要讲述开放式数控系统、智能数控系统，以及它们在相关领域的应用，并介绍数控系统联网技术。

7.1 开放式数控系统

随着计算机技术的高速发展，数控技术正在发生根本性变革，由专用型封闭式开环控制模式向通用型开放式实时动态全闭环控制模式发展。开放式体系结构使数控系统有更好的通用性、柔性、适应性、扩展性。为适应数控系统联网、普及型个性化、多品种、小批量、柔性化及数控技术迅速发展的要求，最重要的任务就是使体系结构开放化，设计生产开放式的数控系统。

7.1.1 开放式数控系统的概念

按电气和电子工程师协会（ Institute of Electrical and Electronics Engineers，IEEE）对开放式数控系统体系结构的定义，一个开放式数控系统应提供这样的能力：来自不同卖主的种种平台上运行的应用都能够在系统上完全实现，并能和其他系统应用相互操作，且具有一致性的用户界面。

目前开放式数控系统通常采用 PC + NC（个人计算机 + 数控）的方式，也就是在加工机械专用的 CNC 系统中引入 PC 所具有的开放化功能，从而使系统具有开放性、可移植和二次开发等特性。

1. 系统组成各部分之间的开放化

关于开放性的概念可从两个方面进行理解：一是时间的开放性，二是空间的开放性。时间的开放性是针对软硬件平台及其规范而言的，以保证平台具有适应新技术的发展，并能够接受新的设备的能力。时间的开放性又有可扩展性和可移植性两个方面。空间的开放性是针对系统接口及其规范化而言的，它又可分为互操作性和互换性。

由上述定义可知，开放式数控系统是一个模块化的体系结构，由系统平台和面向应用的功能模块所构成，既有接口的开放性，又有自身功能的开放性，其具有以下基本特征：

（1）可互操作性

开放式数控系统拥有标准化接口、通信和交互模型。通过提供标准化接口通信和交互机制，不同功能模块能以标准的应用程序接口运行于系统平台上，并获得平等的相互操作能力，协调工作。

（2）可移植性

不同应用程序模块可运行于不同生产商提供的系统平台上，同时系统软件也可运行于不同特性的硬件平台上。不同的系统功能模块能运行在不同的系统平台上，因此，系统的功能软件应与设备无关，即其应用统一的数据格式、控制机制，并且通过一致的设备接口，使各功能模块可以运行于不同的硬件平台上。

（3）可扩展性

开放式数控系统提供标准化环境的基础平台，允许不同功能的模块介入，CNC 用户或二次开发者能有效地将自己的软件集成到 NC 系统中，形成自己的专用系统，其特征是通过特定功能模块的装载和卸载为用户系统增添和减少功能。

（4）可互换性

不同性能、不同执行能力的功能模块互相代替。构成系统的各硬件、功能软件的选用不受单一供应商的控制，可根据功能、可靠性、性能要求相互替换，不影响系统整体的协调运行。

（5）可伸缩性

CNC 系统的功能、规模可以灵活设置，方便修改。控制系统的大小（硬件或元件模块）可根据具体应用增减。

2. 开放式数控系统的优势

由以上开放式数控系统的特征可以看出，开放式数控系统构建于一个开放的平台上，具有模块化结构，允许用户根据需要进行选配与集成，迅速适应不同的应用需求，与传统的封闭式专用数控系统相比较，其具有以下优点：

① 具有强大的适应性和灵活配置能力，能适应多种设备，灵活配置与集成。

② 控制软件具有及时扩展和连接功能，可顺应新技术的发展，加入了各种新功能。它

可通过预留插入用户专用软件的接口的方式［或提供用户应用程序接口（Application Programming Interface，API）和编程规范］，供用户编制自己的专用模块的方式，简便地实现系统的扩展。

③ 能适应计算机技术和信息技术的快速发展和更新换代，能有效地保护用户原有投资。

④ 操作简单，维护方便。开放式数控系统在 PC 上经简单编程即可实现运动控制，而不需要专门的数控软件。

⑤ 遵循统一的标准体系结构规范，模块之间具有兼容性、互换性和互操作性。

⑥ 技术更新，功能更加强大，可以实现多种运动轨迹的控制，是传统数控装置的换代产品。

⑦ 结构形式模块化，各功能模块可以方便地相互组合，建立适用不同场合、不同功能需求的控制系统，这样可明显缩短新产品的研制开发周期，用户可以根据自己的需要开发自己的功能模块。

⑧ 将 PC 的信息处理能力和开放式的特点与运动控制器的运动轨迹控制能力有机地结合在一起，信息处理能力强、开放程度高、运动轨迹控制准确、通用性好。

7.1.2 基于 PC 的开放式数控系统

1. 基于 PC 的开放式数控系统的类型

基于 PC 的开放式数控系统能充分地利用计算机的软硬件资源，可以使用通用的高级语言方便地编制程序，用户可将标准化的外设、应用软件灵活地组合和使用，使用计算机的同时也便于实现网络化。基于 PC 的开放式数控系统大致可分为以下几种类型：

（1）PC 嵌入 NC 型

该类型系统是将 PC 装入 NC 系统内部，PC 与 NC 系统之间用专用的总线连接。系统数据传输快，响应迅速，同时，原型 NC 系统也可不加修改就得以利用。缺点是该类型系统不能直接利用通用 PC，开放性受到限制，通用 PC 强大的功能和丰富的软硬件资源不能得到有效的利用。该类型系统尽管具有一定的开放性，但由于它的 NC 部分仍然是传统的数控系统，其体系结构还是不开放的。

PC – NC 模式开放式数控系统的结构如图 7.1 所示。

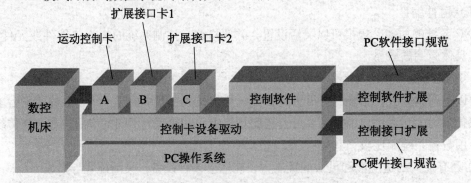

图 7.1　PC – NC 模式开放式数控系统的结构

（2）NC 嵌入 PC 型

该类型系统是由 NC 卡（运动控制卡）插入通用 PC 的扩展槽中组成的。它能够充分地保证系统性能，软件的通用性强，并且编程处理灵活。这是目前采用较多的一种结构形式，这种结构形式采用"PC＋运动控制器"形式建造数控系统的硬件平台，其中以工业 PC 为主控计算机，组件采用商用标准化模块，总线采用 PC 总线形式，同时以多轴运动控制器作为系统从机，进而构成主从分布式的结构体系。

（3）全软件型 NC

该类型系统是指 CNC 系统的全部功能均由 PC 实现，并通过装在 PC 上扩展槽的伺服接口卡对伺服驱动等进行控制。该类型系统是软件化数控系统，它将运动控制器的功能以应用软件的形式实现，除了支持数控上层软件的用户定制外，其更深入的开放性还体现在支持运动控制策略的用户定制。这种结构形式的数控系统的主要功能部件均表现为应用软件的形式，这是实现形式上的一种技术变革。全软件模式开放式数控系统的构成如图 7.2 所示。

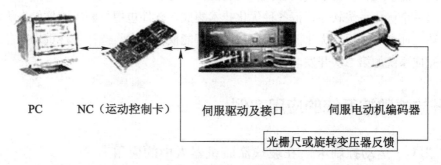

| PC | NC（运动控制卡） | 伺服驱动及接口 | 伺服电动机编码器 |

光栅尺或旋转变压器反馈

图 7.2　全软件模式开放式数控系统的构成

其硬件系统主要由工业控制计算机（PC）、运动控制卡、驱动及放大部件、交流伺服电动机、位置检测部件、接口控制电路等组成。其中，工业控制计算机为信息管理部分，运动控制卡为运动驱动与算法控制部分。软件系统可采用在 Windows 操作系统下，以 Visual Basic 或 Visual C＋＋等为开发工具的面向对象的编程方法，对开放式数控系统软件进行开发，实现数控系统的基本功能。

硬件系统中运动控制卡主要承担实时性任务，如伺服控制、路径规划、可编程逻辑控制；工业控制计算机主要完成系统管理、数控编程、数控仿真、图形插补和人机界面处理、网络功能等非实时任务。工业控制计算机的控制内核是整个数控系统的核心，它通过调用对应于运动控制卡中各种变量和功能的应用程序接口与运动控制卡交换信息，并负责整个系统的协调工作。

7.1.3　数控系统开放性技术的关键

在经历了引进和消化吸收两个发展阶段后，我国在数控技术领域取得了突破性的进展，已经实现了自行开发具有自己软硬件版权的数控系统，同时数控系统的开放性研究工作也正在进行。数控系统要实现开放性结构，主要解决以下几个关键性的问题：

① 制定一个开放式数控系统的制造协议，在系统的应用软件、硬件和网络功能方面形成一整套标准规范，规范系统的软硬件界面和通信协议，使得控制器制造商和机床生产厂能在制造协议的导航下进行有序的开发和生产，并在此基础上实现广泛的合作。

② 实现系统硬件的模块化、标准化和系列化，并提高其可靠性和实时性。通过对系统CPU 结构模式、通信方式、运动控制和辅助控制等方面进行模块化处理，按功能制作成功能模块并实现标准化和系列化，且各模块单元间可利用已定义的标准化接口进行通信。

③ 构造一种独立于硬件系统的软件平台。针对数控系统的实时性和多任务性，应构筑一种实时多任务软件平台，并使其基本功能模块化、典型化，使各个功能模块实现统一调度和相互独立，这样为不同硬件结构的数控系统提供软件时，只需按其功能配置相应的软件模块，实现软件的独立性和开放性。每个功能模块不会对其他功能模块产生影响，用户可按需要编制新的功能模块，使得系统具有良好的功能扩展性。

开发出一个优化系统软件，把各种优化技术集成在软件包中。利用该软件来优化配置系统加工参数，使加工过程最优化。分析比较多种智能模块技术，选择一种重构产品的最优控制模块，完成系统的第二次开发。

7.2　开放式数控系统的应用实例

7.2.1　"PC＋运动控制卡"在玻璃涂胶机器人中的应用

为了提高玻璃的保温性能，在北方大多数门窗采用中空玻璃。中空玻璃的密封过程有两道操作工艺，即第一道密封和第二道密封。第一道密封工序主要采用热熔型丁基胶将已折弯成形的铝隔框和两块玻璃或多块玻璃黏结为一体。第二道密封工序采用聚硫胶和硅酮胶，其混合后均匀地涂在玻璃与铝隔框形成的凹槽中，保证了玻璃和铝隔框之间的结构性黏结。中空玻璃各部分的结构如图 7.3 所示。

图 7.3　中空玻璃各部分的结构

2004—2008 年本书编者所在的团队，在充分研究市场和了解国内外玻璃深加工设备的基础上，研制开发了基于工业计算机+运动控制卡的总线控制的涂胶机器人数控系统，使其实现了从配胶到各种运动 8 根轴的控制，用比较低的成本实现了设备的数控化。

（1）数控涂胶机器人的机械结构介绍

数控涂胶机器人（简称涂胶机）是一种在中空玻璃与铝隔框形成的间隔中自动填涂 A 组分（聚硫胶）和 B 组分（硅酮胶）的机械设备，隶属于玻璃深加工生产线的关键设备之一。该设备可以单机独立使用，由操作工人手动上下料，同时也可以配合其他中空玻璃加工设备，组成中空玻璃自动化生产线，由生产线的上游工位合片段提供中空玻璃。

数控涂胶机器人的机械结构主要由玻璃输入传送部分、供胶部分、配比混合部分、玻璃厚度检测装置、吸盘、辅助组件、涂胶机构和玻璃输出传送部分等组成。数控涂胶机器人的机械结构示意图如图 7.4 所示。

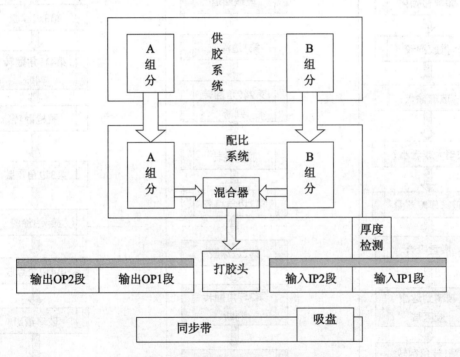

图 7.4　数控涂胶机器人的机械结构示意图

① 供胶部分主要由两个胶源装置、两个柱塞泵、两个伺服电动机及必要的管道组成。

② 配比混合部分主要由胶枪涂胶组件，A、B 组分胶体柱塞泵和胶体配比混合器组成。

A、B 组分胶体在辅助供胶装置的挤压下泵入两个柱塞泵，经过计量后按照设定的比例导入混合芯，在混合芯的作用下，两种胶体混合均匀，被送至胶枪后，从而涂胶机构完成对中空玻璃的涂胶操作。

③ 玻璃厚度检测装置。中空玻璃被传送至涂胶工作区，该区域设置有玻璃厚度检测装置，当中空玻璃被传送至该区域时，测厚传感器触发信号，从而实现中空玻璃的厚度测量功能。

④ 涂胶机构。涂胶机构主要由胶枪组件、抹板组件和涂胶深度检测装置组成，该机构是数控涂胶机器人的核心部分，用于完成对中空玻璃的涂胶操作。

（2）涂胶的主要工艺流程

合理的工艺动作流程是完成整个涂胶动作的关键因素，是涂胶机设备高效率生产的前提。掌握合理的涂胶机工艺流程及其逻辑时序关系，可以为编制涂胶机控制程序奠定坚实的理论基础。涂胶机的主要工艺流程是将中空玻璃由输入段传送至涂胶区域，对玻璃各边涂胶，最终由输出段输出成品的过程。涂胶机整个的工作流程如图 7.5 所示。

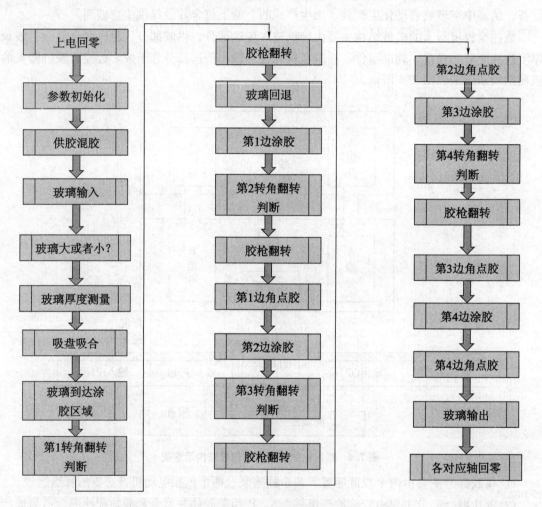

图 7.5　涂胶机整个的工作流程

（3）控制系统的硬件设计

数控涂胶机器人选择"工业控制计算机 + 台达运动控制卡"为硬件平台，以 Windows 操作系统为软件操作平台，以台达 DMC – NET 总线技术实现数字控制器与驱动器、I/O 模块等之间的实时高速通信的总体设计方案，课题组研发了适用于数控涂胶机器人的开放式数控系统。数控涂胶机器人控制系统硬件构架如图7.6所示。

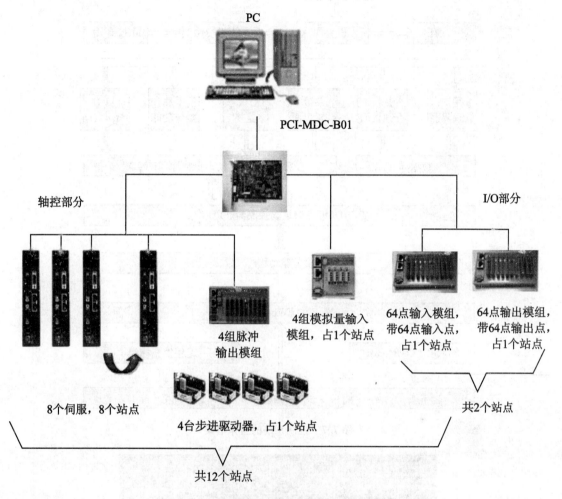

PC

PCI-MDC-B01

轴控部分

I/O部分

4组脉冲
输出模组

4组模拟量输入
模组，占1个站点

64点输入模组，
带64点输入点，
占1个站点

64点输出模组，
带64点输出点，
占1个站点

8个伺服，8个站点

4台步进驱动器，占1个站点

共2个站点

共12个站点

图7.6 数控涂胶机器人控制系统硬件构架

（4）控制系统的软件设计

软件设计就是要根据搭建的硬件系统，利用台达总线型高速运动控制卡，以 PC 及其兼容机为主机，使所提供的 C 语言系列基本函数库和 Windows 动态链接库（Dynamic Link Library，DLL）支持 C＋＋、C#、Borland C、VB、Delphi 等语言编程。

Visual Studio 是微软公司推出的开发环境，Visual Studio 可以用来创建 Windows 平台下的 Windows 应用程序和网络应用程序。

如图7.7所示是控制系统的整体框架，如图7.8所示是控制系统的主界面。

从该控制系统多年的运行来看，它是可靠稳定的，这充分说明开放式数控系统在机械装备行业有非常广阔的应用前景。

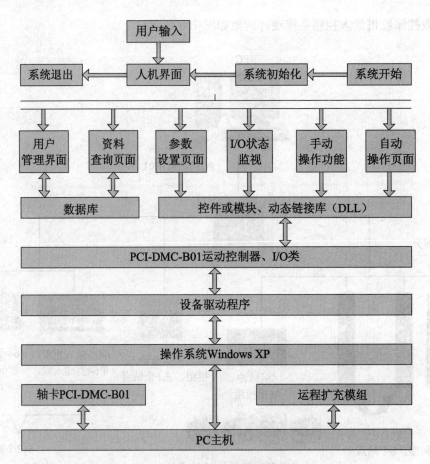

图 7.7　控制系统的整体框架

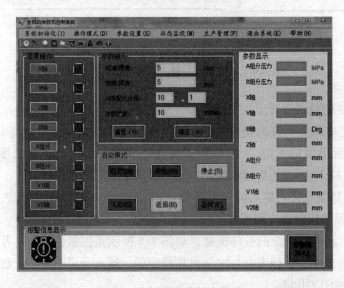

图 7.8　控制系统的主界面

7.3 智能数控技术及其发展

加工设备的研制技术与制造业水平具有非常紧密的关系，制造业水平的发展历程主要可划分为如下 4 个阶段，如图 7.9 所示。

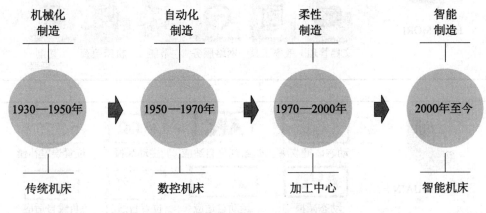

图 7.9 制造技术的发展历程和趋势

21 世纪初至今，各大厂商在优化机床结构、完善数控计算内核的同时，深入研究了智能加工、智能维护等技术，制造装备已向智能化方向发展，制造技术也在自动化的基础上逐步向智能制造发展。

1. 智能机床

（1）智能机床的概念

自 20 世纪 90 年代以来，美国国家标准技术研究所、辛辛那提 – 朗姆公司、英国汉普郡大学等机构都对智能机床进行了研究，世界各知名机床厂商也分别推出了具备智能化功能的先进机床，各公司智能机床的功能如图 7.10 所示。

尽管学术界及工业界尚未给出智能机床的标准定义，但一般认为智能机床应具有自感知、自分析、自适应、自维护、自学习等能力，并能够实现加工优化、实时补偿、智能测量、远程监控和诊断等功能，从而能够支持加工过程的高效运行。

（2）智能机床技术的体系框架

目前工业界对智能机床的研究主要涉及智能数控系统、智能基础元器件以及智能化应用技术等领域，下面分别针对这些领域的关键技术进行简要阐述。

2. 智能数控系统

① 智能数控系统概述。智能数控系统是数控机床的"大脑"，直接决定了数控机床的智能化水平。智能数控系统是在传统数控技术的基础上发展而来的，集成了开放式数控系统架构、大数据采集与分析等关键技术。

一般智能数控系统均采用开放式数控系统。它往往遵循公开性、可扩展性、兼容性等原

图7.10　各公司智能机床的功能

则进行开发，进而使得应用于机床中的软硬件具备互换性、可移植性、可扩展性和互操作性。开放式数控系统的基本体系结构可分为应用软件和系统平台两大部分，如图 7.11 所示为某开放式数控系统的体系架构。

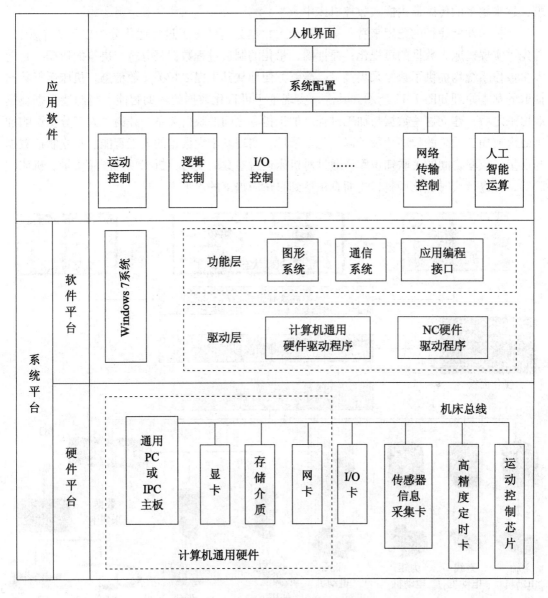

图 7.11　某开放式数控系统的体系架构

　　应用软件是以模块化的结构开发的，能够实现专门领域的功能要求。应用软件通过不同的应用编程接口封装后可以运行在不同的系统平台上。一般而言，应用软件可分为标准模块库、系统配置软件和用户应用软件。标准模块库包括运动控制模块、I/O 控制模块、逻辑控制模块、网络模块等；系统配置软件提供集成、配置功能模块的工具和方法，以便将所需的模块配置成一致的、完整的应用软件系统；用户应用软件可以根据应用协议自行开发，也可以由系统制造商开发。

② 大数据采集与分析技术。随着数控机床的开放性逐步提高，针对不同的数据采集需求，越来越多的传感器内嵌入数控机床中。

从技术发展途径的角度来看，实现基于大数据分析的加工过程优化分为以下3个步骤：首先，实现机床大数据的可视化；显性的、量化的制造过程数据是分析与决策的依据，目前大多数控系统均提供了数据采集接口，能够方便地从其中提取相关参数信息，机床运行数据提取的基本原理如图7.12所示。其次，实现基于可视化数据的辅助智能。当制造数据被提取出来之后，建立这些数据与加工过程、加工指令之间的映射关系，并通过人工分析影响加工效率或加工质量的程序片段予以优化。最后，实现基于大数据的人工智能。建立制造数据与质量、效率之间的关联知识库，通过对机床运行参数的实时分析来预判产品质量、机床故障等，并进行实时优化调整，进而真正达到自适应加工的水平。

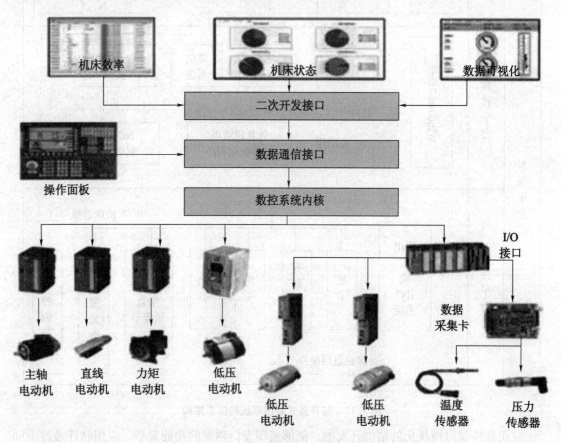

图7.12　机床运行数据提取的基本原理

3. 智能基础元器件

数控加工过程是一种动态、非线性、时变和非确定性的过程，其中伴随着大量复杂的物理现象，这要求数控机床具有状态监测、误差补偿与故障诊断等智能化功能，而具备工况感知与识别功能的智能基础元器件是实现上述功能的先决条件。

传感器是现代数控机床中非常重要的元器件，它们能够实时采集加工过程中的位移、加速度、振动、温度、噪声、切削力、转矩等制造数据，并将这些数据传送至控制系统来参与计算与控制。智能数控机床所用传感器的类型见表7.1。

表7.1 智能数控机床所用传感器的类型

类型	感知变量特征	感知变量
光传感器	光波特征	发射量、吸收量、反射量
电传感器	电场特征	电荷、电流、电势
磁传感器	磁场特征	磁通量、磁导率
热传感器	热量特征	温度、热容、热导、热流
声传感器	声波特征	声波波普、声波波矢
位置传感器	位置特征	位移、距离、角度速度、加速度
力传感器	力学特性	力、应力、应变、扭矩

除了单纯嵌入上述传统的传感器之外，智能机床中还采用了多传感器融合、智能传感器等先进技术。例如，"智能主轴"中可以嵌入智能传感器，它能够同时检测温度、振动、位移、距离等信号，实现对工作状态的监控、预警以及补偿，不但具有温度、振动、夹具寿命监控和防护等功能，而且能够对加工参数进行实时优化。又如，国外某厂商将集成有力传感器、扭矩传感器、温度传感器、处理器、无线收发器等装置的芯片嵌入刀具夹具内，这样能够实现刀具颤动频率的预估，并能够自动计算出合适的主轴转速与进给速率等加工参数。

4. 智能化应用技术

数控机床搭载具有开放性的架构，根据实际需求开发出的智能化应用程序嵌入数控系统中，能够使设备充分发挥其最佳效能，提升产品制造质量，并实现设备的健康监控与故障诊断等。

(1) 基于光纤传感器的机床热误差补偿

结构变形是制约高端机床精度的重要因素之一。然而，机床的力热变形规律呈现出强烈的时变非线性，采用传统手段难以进行定量计算和预测，以前只能通过电类传感器监测技术进行补偿，不仅难度大，且技术稳定性较差，补偿效果难以满足需求。

基于光纤传感器的数控机床热在线监测技术可以很好地解决上述问题。如图7.13所示为基于光纤的机床热误差监测系统的结构示意图，该系统在测量完毕后，以温度数据为输入、刀尖位移的热误差为输出建立神经网络模型，并利用神经网络模型对热误差进行预测补偿，试验数据表明，未补偿前热误差的最大值为15 μm，在经过补偿后，最大值显著降低至5 μm，如图7.14所示。

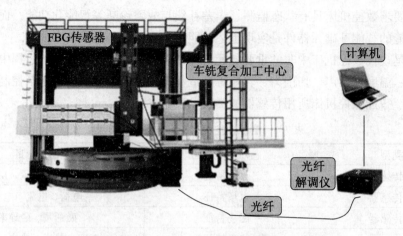

图 7.13　基于光纤的机床热误差监测系统的结构示意图

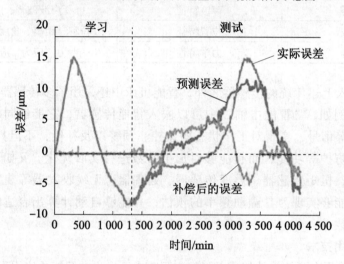

图 7.14　机床热误差补偿情况

（2）刀具智能管控

刀具管理是智能机床的一项非常重要的功能，在提高设备的利用率、提高产品质量以及延长刀具寿命等方面起着关键作用。

在实际加工中，系统实时采集传感器的数据，并与学习中所获得的信号值进行比对，如图 7.15 所示。当出现断刀、缺刀或刀具严重磨损等情况时，系统将会弹出报警信息，进而避免机床或刀具的进一步破坏或零件的报废。

总之，机床是制造业的基础和关键，高性能的智能机床是提高产品质量与生产效率的先决条件。虽然我国目前的机床产出量位居世界前列，但在高端智能机床的自主研发方面我国的机床仍有待提高，尤其是在智能数控系统、智能基础元器件以及智能化应用技术的开发方面仍需更深入的探索研究。

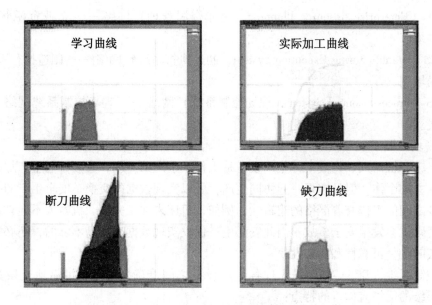

图 7.15 刀具监控曲线

7.4 数控系统机床联网解决方案

在经历了三次工业革命后的今天，工业正面临第四次工业革命，业内相应规划和研究也已经启动，智能工厂、智能生产、智能物流等成为工业发展的方向。

开放式数控机床由于引入了 PC 使得机床天然地具有了联网功能，同时数控机床的发展使得要实现智能制造就必须组成网络系统，智能制造成为网络制造的一部分，因此数控系统的联网是今天发展数控技术网络化、智能化的必然需求。本节以西门子 Sinumerik 数控系统为例，介绍其联网解决方案。

（1）生产企业网络连接

通常，生产工厂中的网络根据其职能不同可分为三个网络层级，如图 7.16 所示。

图 7.16 生产工厂中的网络构成

① ERP（Enterprise Resource Planning，企业资源管理）网络——企业资源管理网络，基于互联网络。

② MES（Manufacturing Execution System，制造执行系统）网络——制造执行系统网络，基于工厂局域网。

③ PCS（Process Control System，现场控制系统）网络——现场控制系统网络，基于工业现场总线。

（2）现场控制系统（PCS）网络

数控机床、机器人、物流车等生产设备是工作于生产第一线，直接参与生产加工的。由于它们是独立的个体，但又需要一起协同生产，所以实现数据的交换是安全生产的基础。同时，各设备之间的工作有着严格的逻辑性，例如，机床未加工完毕，机器人不允许从机床抓取工件，否则就会发生安全事故。因此安全生产仅仅实现数据交换是不够的，还必须保证数据交换的实时性、可靠性和稳定性。

现场控制系统（PCS）网络是实现各生产设备之间准确、实时、可靠地交换数据的载体。这一层级的网络有以下的特点：

① 通常由现场总线（ProfiBus / ProfiNet /CanBus 等）进行通信。

② 对数据传输的准确性、稳定性、可靠性有着很高的要求；

③ 现场控制层的各设备通常采用 PLC 实现逻辑控制。

（3）制造执行系统（MES）网络

制造执行系统（MES）网络，包含现场生产设备、中央数据库与上位机。

① 现场生产设备：用于提供各种原始数据。

② 中央数据库：用于保存记录各种数据。

③ 上位机：集成交互界面，实现用户对生产设备及数据库进行访问操作。

（4）工厂网络中的数控机床

数控机床主要是与 MES（制造执行层）和 PCS（现场控制层）进行数据交换，如图 7.17 所示。

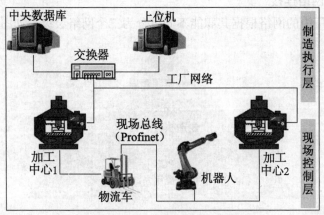

图 7.17　数控设备在网络中的位置

练习题

1. 开放式数控系统有哪些特征?
2. 开放式数控系统有哪些形式?
3. 智能数控机床一般具有哪些行为能力?
4. 为什么要实现数控机床的联网?
5. 试画出工厂中包括数控设备的一般网络图。

模拟自测题

1. 填空题

(1) 一个开放式数控系统应提供这样的能力:来自不同卖主的种种平台上运行的应用都能够在系统上完全实现,并能和其他系统应用_____,且具有一致性的用户界面。

(2) 将 PC 的信息处理能力和开放式的特点与运动控制器的运动轨迹控制能力有机地结合在一起,信息处理能力强、_____、运动轨迹控制准确、_____。

(3) _____是智能机床的一项非常重要的功能,在提高设备的利用率、提高产品质量以及延长刀具寿命等方面起到关键作用。

(4) 数控机床搭载具有_____、支持大数据分析等功能的智能数控系统,并嵌入必要的_____,数控机床便具备了智能化的必要条件。

(5) _____是制约高端机床精度的重要因素之一。然而,机床的力热变形规律呈现出强烈的时变非线性,采用传统手段难以进行定量计算和预测,以前只能通过电类传感器监测技术进行补偿,不仅难度大,且技术稳定性较差,补偿效果难以满足需求。

(6) 数控机床、机器人、物流车等生产设备是工作于生产第一线,直接参与生产加工的。因为它们是独立的个体,但又需要一起协同生产,所以实现数据的交换是安全生产的基础。同时,各设备之间的工作有着严格的逻辑性,例如机床未加工完毕,机器人不允许从机床抓取工件,否则就会发生安全事故。因此,安全生产仅仅实现数据交换是不够的,还必须保证数据交换的_____。

2. 简答题

(1) 试述开放式数控系统的优势。
(2) 什么是全软件型数控系统?
(3) 试画出生产工厂中的三个网络层级图。

参考文献

[1] 罗学科，谢富春. 数控原理与数控机床. 北京：化学工业出版社，2003.

[2] 王爱玲. 机床数控技术. 2版. 北京：高等教育出版社，2013.

[3] 王凤蕴，张超英. 数控原理与典型数控系统. 北京：高等教育出版社，2003.

[4] 刘瑞已. 现代数控机床. 2版. 西安：西安电子科技大学出版社，2011.

[5] 李善术. 数控机床及其应用. 北京：机械工业出版社，2001.

[6] 王永章，杜君文，程国全. 数控技术. 北京：高等教育出版社，2001.

[7] 周兰，常晓俊. 现代数控加工设备. 北京：机械工业出版社，2005.

[8] 朱晓春. 数控技术. 3版. 北京：机械工业出版社，2019.

[9] 杜君文，邓广敏. 数控技术. 天津：天津大学出版社，2002.

[10] 韩鸿鸾，荣维芝. 数控机床的结构与维修. 北京：机械工业出版社，2004.

[11] 王钢. 数控机床调试、使用与维护. 北京：化学工业出版社，2006.

[12] 李佳. 数控机床及应用. 北京：清华大学出版社，2001.

[13] 蔡厚道，杨家兴. 数控机床构造. 2版. 北京：北京理工大学出版社，2010.

[14] 邓建新，赵军. 数控刀具材料选用手册. 北京：机械工业出版社，2005.

[15] 王爱玲，白恩远，赵学良，等. 现代数控机床. 北京：国防工业出版社，2003.

[16] 袁锋. 全国数控大赛试题精选. 北京：机械工业出版社，2005.

[17] 罗学科，张超英. 数控机床编程与操作实训. 北京：化学工业出版社，2001.

[18] 罗学科，赵玉侠. 典型数控系统及其应用. 北京：化学工业出版社，2005.

[19] 晏初宏. 数控机床. 北京：机械工业出版社，2010.

[20] 吴祖育，秦鹏飞. 数控机床. 3版. 上海：上海科学技术出版社，2000.

[21] 叶蓓华. 数字控制技术. 北京：清华大学出版社，2002.

[22] 龚仲华. 数控技术. 2版. 北京：机械工业出版社，2010.

[23] 商鹏. 基于球杆仪测量技术的三轴数控机床综合误差检测. 天津：天津大学，2006.

[24] 中国机械工程学会，广东省机械工程学会. "数控一代"案例集：广东卷. 北京：中国科学技术出版社，2016.

[25] 刘继东. 基于总线技术的多轴涂胶机控制系统开发. 北京：北方工业大学，2013.